含锌冶金尘泥分选理论及应用

张晋霞　牛福生　著

北　京

冶 金 工 业 出 版 社

2017

内 容 提 要

本书以含锌冶金尘泥为研究对象，主要介绍了含锌冶金尘泥基础特性，分散行为，水力旋流器数值模拟及提锌，铁、碳分选技术，硫酸浸锌试验及浸出动力学和热力学理论基础，最后对典型的含锌冶金尘泥铁、碳分选工业应用进行了系统分析和介绍。

本书可供矿物加工、环境、化工、冶金等相关专业的高校师生，科研院所的科研人员以及广大工程技术人员阅读与参考。

图书在版编目(CIP)数据

含锌冶金尘泥分选理论及应用/张晋霞，牛福生著. —北京：冶金工业出版社，2017.6
ISBN 978-7-5024-7539-0

Ⅰ.①含… Ⅱ.①张… ②牛… Ⅲ.①金属粉尘—研究
Ⅳ.①X513

中国版本图书馆 CIP 数据核字（2017）第 118437 号

出 版 人 谭学余
地　　址　北京市东城区嵩祝院北巷 39 号　邮编　100009　电话　(010)64027926
网　　址　www.cnmip.com.cn　电子信箱　yjcbs@cnmip.com.cn
责任编辑　常国平　美术编辑　吕欣童　版式设计　孙跃红
责任校对　卿文春　责任印制　李玉山
ISBN 978-7-5024-7539-0
冶金工业出版社出版发行；各地新华书店经销；固安华明印业有限公司印刷
2017 年 6 月第 1 版，2017 年 6 月第 1 次印刷
169mm×239mm；14.25 印张；278 千字；218 页
46.00 元
冶金工业出版社　投稿电话　(010)64027932　投稿信箱　tougao@cnmip.com.cn
冶金工业出版社营销中心　电话　(010)64044283　传真　(010)64027893
冶金书店　地址　北京市东四西大街 46 号(100010)　电话　(010)65289081(兼传真)
冶金工业出版社天猫旗舰店　yjgycbs.tmall.com
（本书如有印装质量问题，本社营销中心负责退换）

前　言

随着工业化发展和资源需求的扩大，从废弃物中回收资源无论从技术、装备，还是规模上都得到了较大的发展。我国作为一个资源消耗大国，在目前天然原生矿产资源日渐枯竭的局面下，更应该提高再生资源的重视程度。在《"十二五"国家战略性新兴产业发展规划》中专门提到，预计到 2020 年工业固体废物综合利用率将达到 72% 以上，形成一批具有核心竞争力的资源循环利用技术装备，建成技术先进循环利用产业体系，废弃资源循环利用已经上升为国家战略。

含锌冶金尘泥是钢铁企业生产过程中排出的具有锌化学成分的工业固体废弃物，由于含有丰富的铁、碳、锌，经常作为一种资源，多采用简单加工后返回烧结。近年来，我国钢铁企业粗钢产量连年位居世界第一，冶金尘泥的产量也相应大幅增加，大量的尘泥靠简单处理不仅无法解决，而且有害元素循环富集，也势必会严重影响生产的顺利进行。弃之可惜，用之太难，含锌冶金尘泥有效资源化安全利用已经成为企业迫切破解的技术难题，也是未来一段时期钢铁行业发展循环经济、提高行业资源综合利用水平的重要领域和主攻方向，对推动资源节约和可持续发展、提高企业经济效益和竞争力具有重大的现实意义和经济意义。

国内外冶金尘泥在利用技术和途径方面取得一定的突破，但其中的一些技术瓶颈目前还没有得到有效解决。例如，冶金尘泥以湿法方式收集时，需在过滤过程中加入大量的聚丙烯酰胺作为絮凝剂，由于静电力、药剂絮凝作用和颗粒相互凝聚等原因，导致待分选颗粒絮团现象严重，使得这部分资源目前无法实现有效分选，因此本书主要以这部分含锌絮结冶金尘泥为研究对象，进行其基础特性、分散行为、水力旋流提锌、浮选选碳、重力提铁、酸浸出锌、浸出动力学及热力学等方面的系统研究，探索了冶金尘泥高效利用的实验室工艺规律和参数，有望提供一种冶金尘泥再资源化处理的新方法，以期为含锌冶金尘泥有价元素梯级提取的大规模推广及工程应用奠定技术基础。

　　本书可供矿物加工、环境、化工、冶金等相关专业的高校师生、科研院所的科研人员以及广大工程技术人员阅读参考。

　　在成书过程中，作者得到了多位老师和同行的鼓励与支持。华北理工大学研究生邹玄、戴奇卉、路晓龙、李卓林、刘亚、于浩同学参与完成了大量的试验研究工作以及书稿的整理与排版工作。本书的出版得到华北理工大学学术著作出版基金资助，在此一并表示诚挚的谢意！

　　由于作者学识所限，书中难免有疏漏、错误之处，敬请读者赐教和斧正。

作　者

2017 年 3 月

目　　录

1 绪 论

1.1 冶金尘泥概述

冶金尘泥是所有通过钢铁企业主要生产工序除尘系统收集到的粉尘和泥浆的总称。与其他工业固体废弃物不同，受原料成分、产出工序和收集设备、方法的影响，冶金尘泥物料具有化学成分多变、物理性能稳定性差、组成复杂、波动性大等特点。通常冶金尘泥的化学成分以 Fe、C 为主，伴有 Zn、Pb、K、Na 等高炉有害元素和 Si、Al、Ca、Mg 等，少量有 In、Bi、Sb、Cd、Sn 等稀有金属元素；粒度较细且不均匀，主要为 $0.39\sim200\mu m$，表面粗糙，有孔隙，质量轻。

冶金尘泥的排放影响着人们生活健康和周围生态环境，早在 1976 年，美国环保机构就制定了相关的法律，将含 Zn、Pb 和 Cr 的钢铁粉尘划归 K061 类物质（有毒固体废物），要求钢铁企业对其中有害物质必须回收或钝化处理。从另一个角度看，冶金尘泥也是一种含有大量具有潜在利用价值并且不断增长的资源，经过物理化学处理后，有价成分转化成可利用的资源，残渣作为烧结砖厂原料或替代部分原料返回利用，成为企业节能增效的新的经济增长点和再生金属资源的重要原料。

1.1.1 来源及种类

冶金尘泥主要来源于烧结、炼铁、炼钢等钢铁企业的几个主要工序，根据收集方式和来源不同，冶金尘泥主要包括以下几类：

（1）烧结灰。烧结灰按产生位置又分为机头灰和机尾灰，主要是在烧结原料（铁矿粉、生石灰、石灰石、焦炭或煤粉）在配料、转运、烧结与成品处理过程中由干式除尘装置收集得到的粉尘，常采布袋、电除尘和多管除尘器等，颗粒尺寸多在 $5\sim40\mu m$ 之间。铁含量相对较高，一般为 45%~55%。

（2）高炉瓦斯泥。高炉瓦斯泥是高炉炼铁过程随高炉煤气排出的炉料（烧结矿、焦炭、辅助料）粉尘，主要含细粒铁粉、炭粉、熔剂粉尘，经湿式除尘（文丘里）洗涤沉淀浓缩后而得到的废渣。瓦斯泥铁品位一般为 25%~45%，铁矿物以 Fe_3O_4 和 Fe_2O_3 为主，粒径在 $75\mu m$ 以下含量一般为 50%~85%，Zn、Pb、Bi 等元素因高温气化作用也多富集烟气中。黑色泥浆状，粒度较细且表面粗糙，有孔隙，呈不规则形状。

(3) 高炉瓦斯灰。高炉瓦斯灰是采用电除尘和多管除尘器等干式收集的高炉炼铁粉尘，又称布袋灰，呈灰色粉末状，粒度较高炉瓦斯泥略粗。由于高炉炼铁过程中使用的铁矿石、焦炭、石灰石、白云石以及萤石等原料经过高炉内部炉膛中同温度区域十分复杂的氧化-还原等物理化学变化，其排放出来的烟尘中含有多种元素的自由态和结合态的复合物。其主要化学成分同高炉瓦斯泥，但铁矿物以 FeO 为主。

(4) 转炉灰。转炉灰是转炉炼钢过程中经干式静电除尘收集的粉尘，粗颗粒多为灰黑色，细颗粒颜色为红-褐色。铁、锌成分含量较高。

(5) OG 泥。OG 泥是由转炉煤气经湿法除尘产生，颗粒较细，小于 $30\mu m$ 的约为 80%，呈胶体状，很难浓缩脱水，使用压滤机脱水的滤饼含水也很高，且很黏，其氧化亚铁成分很高。

(6) 电炉灰。电炉灰是电炉炼钢过程中经干式静电除尘收集的粉尘，粒度很细，小于 $2\mu m$ 颗粒占到 90% 以上。除含铁外，还含有锌、铅、铬等金属，具体化学成分及含量与冶炼钢种有关，通常冶炼碳钢和低合金钢含较多的锌和铅，冶炼不锈钢和特种钢的粉尘含铬、镍、钼等。

(7) 平炉尘。平炉尘为平炉吹氧炼钢生产过程中烟气净化电除尘收集下来的粉末，其中 90% 以上的粒度小于 $10\mu m$，呈棕红色或黄棕色粉末状，其主要成分是 Fe_2O_3，含量在 90% 以上，具有黏度大、粒度细、极干燥、含铁量高、杂质少等特点。

干法收集的粉尘多数采用喷水加湿后用普通卡车输送，或少数用真空槽罐车输送到原料场。湿法回收的粉尘随排污水自流回水处理车间，经过浓缩、压滤成含水 20%~30% 的污泥送至原料场。为了加快处理效率，通常会在泥浆中添加一定数量具有絮凝作用的药剂（聚丙烯酰胺）以提高尘泥沉降速度。

1.1.2 危害

冶金尘泥的产量因原料条件、设备状态、工艺流程和管理水平的差异而不同，每年产生冶金尘泥超过千万吨，这些巨量的固体废弃物如果不加以合理的处置与利用，将直接对生态环境造成极大的污染和破坏，引发灾难性的后果。其危害主要有以下几方面：

(1) 土壤。若将冶金尘泥直接堆放，则占用了大量土地，毁坏农田和森林，且尘泥中 Zn、Cu、Pb 等有害元素会随着雨水渗入土壤，土壤中此类元素过高，致使土壤变质，严重污染土壤。法国某冶金工厂附近的土壤中含 Zn、Cu、Pb 的量分别为正常土壤的 6~48 倍、3~232 倍、5~42 倍，其植物中含量为正常植物含量的 26~800 倍、80~260 倍、30~50 倍，这些严重威胁当地人的身体健康。

(2) 水体。冶金尘泥中含有 CN^-、S^{2+}、As^{3+}、Pb^{2+}、Gd^{2-}、Cr^{6+} 等有害元素，

具有很强的化学毒性，如对韶钢瓦斯泥的综合毒性系数评价表明，其综合毒性系数达到12.16，超过鉴别有害有毒物质规定的11.16倍。这些堆积物在雨水的作用下，有害成分浸入地下，对地下水造成污染，此类水体将因污染而不能被用作生活水源。

（3）大气。冶金尘泥一般粒度很细、流动性好，尤其是小于$5\mu m$的粉尘能长期悬浮于空气中，影响工人身体健康，风干后飘散于大气中，严重影响空气质量，污染周边环境；另外，含铁粉尘中含有较多粒径小的低沸点碱金属，与空气接触时易与空气中的氧发生氧化反应而自燃，产生有害气体，对大气造成污染。

（4）对生产工序的影响。烧结生产的原料制备过程中，混合制粒是一种处理尘泥比较有效的方法，但由于除尘灰较轻，且配加比例较小，不易下灰，影响配比稳定，同时由于电厂除尘灰的亲水性较差，堆密度与其他物料相差较多，对混合制粒也产生较大影响。烧结过程中，烧结机在电除尘过程中，大量尘泥会使烧结烟道负压上升、温度下降，为保证参数稳定，需降低料层厚度、增加燃料、提高风量，从而减小尘泥对烧结机的损害。同时由于钾、钠、锌等元素在烧结过程中与氧元素富集，影响料层透气性，进而影响烧结矿的品位和质量。

高炉炼铁生产过程中，冶金尘泥中的有害元素进入高炉中，在高炉内富集，会造成锌循环，由于闭路循环的生产方式，这些高含钾、钠、锌等富集在高炉上会结瘤，堵塞管路，破坏高炉炉衬，既影响高炉顺行又影响生产。

1.2 冶金尘泥资源化现状

冶金尘泥中含有多种可回收利用的有价成分（如Fe、C、Zn、Pb、In等）。据统计，通过回收可使铜、铅和锌等有色金属产量增加20%～30%，也是部分稀贵金属如铋、铟的主要来源。冶金尘泥作为可利用的资源，对于减少污染排放、企业节能降耗也是被行业共识的，如果直接配入烧结工序或球团工序中，利用率可以达到70%～90%，但是有害元素循环富集、二次粉尘控制和影响工艺稳定性等是尘泥资源利用过程中难以解决的关键问题；另外，铁矿石、废钢价格大幅降低，在一定程度上降低了企业的参与程度和热情，冶金尘泥的资源利用一度处于停滞状态。

近年来，随着国家相关鼓励性政策出台及二次资源价值提高，特别是锌、铅、铋、铟等稀贵金属资源和冶金尘泥资源综合利用技术的进步，冶金尘泥中资源巨大的潜在价值得到重视，产业化前景正在逐步显现。部分规模较大的钢铁企业专门成立了用于处理冶金尘泥的非钢部门，一些具有前瞻性的高科技企业如红河锌联公司、神雾热能等，自主开发了从冶金尘泥中综合回收多种资源的处理技术，推动了冶金尘泥资源利用产业化的快速发展。

1.2.1　直接内循环利用

周明顺等针对鞍钢股份有限公司带式机球团生产存在的焙烧温度高的问题，通过在球团中配加瓦斯泥代替固定碳，获得还原性好、软熔开始温度高、熔融温度区间窄的良好效果；同时大幅度降低了能耗：球团电耗从 48kW·h/t 降至 45.6kW·h/t；煤气消耗降低 10%；焦粉降低 1%，焦比降低 0.2%。

鞍钢焙烧球团时配加瓦斯泥，由于瓦斯泥粒度较细，所以无需细磨即可直接加入混合料中，加上其含有较高的 TFe、C、CaO、MgO 等有用成分，且固定碳性质稳定，因而是理想的含碳添加剂。这样做的好处是不但可以大大降低燃料费用，而且还可以使总的能耗降低，并且可以延长带式焙烧机炉膛耐火材料寿命。

王涛对宝钢高炉瓦斯泥进行了试验研究，主要对瓦斯泥压块循环应用于电炉泡沫渣进行了实验室试验，并在实验室研究的基础上进行了现场试验的研究，确定了冷压块工艺和现场应用工艺。这种处理方法对钢水和渣并没有产生明显的影响，而在此过程中，压块中的有价资源得到了很好的利用。

马钢炼铁厂将瓦斯泥、瓦斯灰、二次除尘灰等部分转炉污泥混合堆存，蒸发水分后经料场机械混料，与烧结原矿机械搅拌混合后直接用于生产，降低了烧结矿的成本，解决了尘泥堆积的问题。

邹方敏等直接将高炉瓦斯泥掺水用于烧结。在烧结过程中，泥浆中所含铁质参与了混合料间复杂的物理化学作用得以利用；泥浆中的水分替代了部分烧结过程中的新水用量；泥浆中的氧化钙和氧化硅作为溶剂参与了烧结过程；其中的碳在烧结过程中重新得到利用，降低了能耗。

陈少军在 $2×28.5m^2$ 烧结机原燃料条件及生产设备条件下，用高炉瓦斯灰部分取代焦粉作为烧结燃料进行了工业性试验。研究结果表明：配加 1% 的高炉瓦斯灰，烧结矿固体燃料消耗下降 4.75kg/t，而烧结机利用系数、烧结矿品位、烧结矿 FeO 含量、烧结矿转鼓指数和筛分指数没有明显变化。

罗文针对杭钢高炉瓦斯灰添加在烧结配料中引起的问题进行了研究。研究结果表明：烧结使用瓦斯灰可以一定程度降低烧结固体燃料消耗；大量使用含铁废料可以降低烧结生产成本；虽然烧结矿产质量指标有所波动，但通过加强工艺过程控制，改善烧结工艺条件，2007 年全年烧结矿碱度合格率 89.41%，平均转鼓指数 77.44%，能较好地满足高炉生产需求，从综合效益来看还是合算的。

孙宝银对西林钢铁集团公司使用瓦斯灰配入烧结工序做了研究，此公司 2005 年 11 月 3 日开始在烧结工序配用 10% 的磁选瓦斯灰代替未经磁选的瓦斯灰后，烧结工序和炼铁工序的指标都有不同程度的改善：烧结工序扬尘变小；成球率提高了 2%~3%；料层透气性得到改善；烧结机利用系数明显提高；提高了烧结矿强度及成品率；同时 TFe 升高，减少了白灰配入量，烧结矿品位增加了 2.5% 以上；高炉利用系数提高 0.20t/（m³·d）以上，焦比降低 10kg/t 以上。

1.2.2 物理分选技术

国外对冶金尘泥有价金属分选技术报道较少，国内对冶金尘泥的物理法处理工艺主要有磁性分离和机械分离两种方法。机械分离按分离状态又可分为湿式分离和干式分离。该工艺的原理是利用锌富集粒度较小和磁性较弱粒子的特性，采用离心或磁选的方式富集锌元素。常用的机械分离方法有浮选-重选工艺、水力旋流脱锌工艺等；常用的磁性分离方法有弱磁-强磁联合工艺。

丁忠浩等利用微泡浮选柱，通过浮选脱碳—脱泥—反浮选脱硅的流程方案处理武汉钢铁公司微细粒高炉瓦斯泥。添加适量的碳酸钠和水玻璃为分散剂，少量煤油为捕收剂，经一次粗选、一次开路精选，即可获得含碳 65% 的碳精矿；脱碳尾矿采用石灰为 pH 调整剂和活化剂、氧化石蜡皂为捕收剂，经两段开路脱硅反浮选，获得 TFe 含量为 52% 的铁精矿。

王玉香等采用三种联合流程分别对鞍钢股份有限公司小西门瓦斯泥进行了试验研究。试验研究表明：重选—反浮选—磁选联合选别流程效果较好，最终铁精矿品位为 56%、金属回收率为 55%、精矿产率为 40%。

于留春等以上海梅山钢铁股份有限公司高炉瓦斯泥为原料，采用弱磁-强磁选工艺回收其中的铁矿物，获得较好的技术指标：铁精矿品位从 35.07% 提高到 50.92%，尾矿品位降到 8.34%；锌从 7.74% 富集到 13.92%，提高 6.18%，脱锌率达 66.98%。

胡晓洪等根据新钢高炉瓦斯泥的矿物特性，考虑到磁选工艺具有运行费用低、操作简单、回收利率高的特点，采用单一摇床或磁选—摇床联合流程，并加入细筛作业，以防粗颗粒脉石矿物混入精矿，影响精矿质量。通过采用磁选—摇床生产工艺流程进行分选，可获得产率 30.34%、全铁含量 62.10%、全铁回收率 62.04% 的铁精矿，可作为土法冶炼氧化锌的原料。

付刚华针对某钢铁公司粒度较粗、锌含量为 4.43%、碳含量为 18.45% 的高炉瓦斯灰，采用浮-磁联合工艺进行了回收试验，可获得碳品位为 85.17%、回收率达 86.29% 的焦炭精矿，锌含量降低到 1.29%，满足返回烧结配矿利用要求。

赵瑞超等针对包钢含 TFe31.00% 的瓦斯灰进行了回收铁工艺的研究。用圆盘破碎机、行星式球磨机以及磁选管等设备进行了弱磁选—高梯度强磁选和磁化焙烧-弱磁选工艺试验研究。试验结果表明，使用此工艺可有效分离铁、碳和锌等矿物，磁化焙烧-弱磁选工艺比弱磁选-强磁选工艺效果好。磁化焙烧-弱磁选可得到品位 60.70%，回收率为 70% 以上的铁精矿。其中磨矿细度对磁选有很重要的影响，应用此工艺时需严格控制磨矿细度。

潘国泰针对福建三钢高炉瓦斯灰的处理回收进行了研究，采用浮选和重选方法将其中的 C、Fe 分离，提选铁精粉和碳精粉返回烧结用作生产原料，剩余尾泥外卖制砖等。研究结果表明：采用一级浮选的工艺流程选取瓦斯灰中的碳，可获得固定碳含量为 76%、产率 48%、回收率 85.5% 的碳精粉；采用重选回收高炉瓦斯灰中的铁，可获得全铁含量 54%、产率 10%、回收率 24% 的铁精粉，尾矿的全铁含量为 40%~48%；采用重选选取瓦斯灰中的铁，回收率不是很高，建议采用重选及弱-强磁搭配的工艺来回收瓦斯灰中的铁，从而使资源得到最大化的回收利用。

攀枝花新钢钒股份有限公司对高炉瓦斯泥中的碳进行回收，原矿细磨后进行浮选，浮选后的尾矿进行螺旋溜槽一次粗选和两次精选，精矿进行再磨再浮选，可以在入选瓦斯泥含量为 16% 左右的基础上，综合提碳率达到 92% 以上。

鞍钢股份有限公司与高校合作研究了针对瓦斯泥的单一选别流程以及反浮选—磁选联合、重选—磁选联合和重选—反浮选—磁选联合的选别流程。结果表明采用单一的重选、磁选、浮选均难以充分回收瓦斯泥中的铁矿物；而各种联合工艺的分离效果均较好，可获得铁含量 61%、铁回收率 55%、产率为 40% 的铁精矿。

长沙矿冶研究院根据湘钢瓦斯泥工艺矿物学的特点，对多种选矿流程进行实验研究，结果选择浮选—重选—浮选的工艺流程回收铁，获得的铁精矿品位可达 61.40%、产率达到 33.37%、回收率达到 64.34%。

1.2.3　湿法处理技术

从锌在尘泥中的分布来看，单一的物理分离方法将尘泥有害元素含量降至很低较困难，因此常有钢厂采用物理-化学联合法脱除尘泥中的有害元素，化学湿法除锌是一个值得研究的方向，许多国家（如伊朗、芬兰等）采用湿法冶金技术，选用适当的浸出剂，将金属锌从尘泥中选择性地浸取出来，之后对浸出液提纯、分离从而回收。

根据浸出剂的种类不同可以分为强酸浸出（硫酸浸出、盐酸浸出）和弱酸浸出。几种湿法浸出的反应过程及工艺技术特点见表 1-1。

表 1-1　几种湿法浸出的反应过程及工艺技术特点

方法	浸出液	反　应	特　征
酸浸出	硫酸系	一段浸出：pH 值为 2.5~3.5，ZnO 溶解； 二段浸出：pH 值为 1~1.5，200℃ 高压浸出 $ZnO \cdot Fe_2O_3$ 分解	容易处理，传统的电解法回收 Zn

方法	浸出液	反 应	特 征
酸浸出	盐酸系	$ZnO+2HCl \rightarrow ZnCl_2+H_2O$ $ZnO \cdot Fe_2O_3+2HCl \rightarrow ZnCl_2+H_2O+Fe_2O_3$ 吹入 Cl_2 使溶解的少量 Fe^{2+} 转变成 $Fe(OH)_3$	一步浸出，氯化锌的盐酸溶液电解回收 Zn 或者溶剂萃取
	盐酸硫酸混合系	混酸可一步浸出 ZnO 和 $ZnO \cdot Fe_2O_3$，残渣用碱处理	一步浸出，浸出环境不比盐酸系差
碱性溶液浸出	氯化铵	30% 的 NH_4Cl 100℃ 浸出，最后回收 ZnO，$ZnO \cdot Fe_2O_3$ 成为残渣	工艺简单，Zn 回收率难以提高，回收 ZnO 后需要酸浸才能提取 Zn
	氨水	通 CO_2 气体，氨水溶解 ZnO，最后回收 ZnO	应考虑 ZnO 精制
	氢氧化钠	$ZnO \cdot Fe_2O_3$ 经反应 $ZnO \cdot Fe_2O_3+2OH^- \rightarrow ZnO_2^-+Fe_2O_3+H_2O$ 溶解，原 NaOH 溶液中电解	最终残渣中 Pb 含量较低

王玉林等以高炉炼铁瓦斯泥为原料，采用湿法浸取回收其中的有价金属锌、铋以制备氧化锌和氯氧化铋。利用高炉瓦斯泥中氧化锌的两性而氧化铋为碱性且不溶于碱的特点，先用 $NH_3-NH_4HCO_3$ 溶液选择性浸取锌，再利用 H_2SO_4-NaCl 使铋化合物能在强酸性环境中水解的性质将铋沉淀析出，达到锌、铋的分步选择性分离提取，从而制得高纯氧化锌和氯氧化铋的目标，开发出了一种从钢铁冶金企业瓦斯泥中回收利用有价金属锌和铋的二次资源综合利用的方法。

黄平等用硫酸从高炉瓦斯泥中浸出锌、铟。在浸出时间 90min，温度 90℃，液固体积质量比 5∶1，硫酸浓度 4.5mol/L 条件下，锌浸出率最高达 87.03%，铟浸出率为 66.52%。

Julian M. Steer 等利用不同的有机羧酸作为浸出剂，提取高炉瓦斯泥中的锌，试验发现 Prop-2-enoic 酸效果显著，能够提取 85.7% 的锌，铁的浸取率仅为 8.5%，成功地实现了锌的浸出，同时抑制了铁的浸出。

刘淑芬针对攀钢高炉瓦斯泥含锌高、不能直接返回烧结配料的问题，提出了以该厂自有的钛白废酸作浸出剂，采用低酸浸出—中和除铁—萃取—电积工艺从瓦斯泥中回收金属锌，研究了锌的浸出及浸出液除铁过程。结果表明：在废酸用量 855L/t 瓦斯泥、常温、液固体积质量比 4∶1、反应时间 2h 条件下，锌平均浸出率为 97.94%、铁平均浸出率在 6.52% 以下。对此浸出液进行中和氧化沉铁，在过氧化氢用量为理论用量的 1.3 倍、反应温度为 50℃ 条件下，铁、砷、锑共沉淀而被除去，锌损失率在 2.90% 左右。

　　焦萍等针对含锌废渣进行了锌回收的两步酸浸取试验，分析了氧化剂浓度、固液比、浸出温度、浸出反应时间、浸出终点 pH 值、搅拌速度等因素对锌浸出率的影响，试验结果表明：氧化剂为 40% 过硫酸铵，固液比为 1:10，浸出液终点 pH = 1.5，浸出时间控制在 1~1.5h，浸出温度为常温，搅拌速度为 100~200r/min，锌浸出率达 80% 以上。

　　碱法处理高炉瓦斯泥是利用氧化锌是两性金属氧化物，既溶于酸又溶于碱的性质，采用一定浓度的强碱作为浸出剂浸出瓦斯泥，可溶性的锌进入浸出液，而铁等大多数金属氧化物不溶于碱性浸出剂而留在渣中，以达到锌铁分离的目的。

　　马亚丽等以高炉瓦斯泥为原料，利用碱溶法浸出锌，探讨了液固比、NaOH 浓度、反应时间、反应温度等因素对锌浸出率的影响。将浸出液经过沉淀、提纯制备活性氧化锌，并对活性氧化锌理化性能进行评价。结果表明，制得的活性氧化锌达到了一等品标准，能够满足工业应用要求。

　　张保平等以氨-碳酸氢铵混合液为浸出剂浸出高炉瓦斯灰中的有价金属锌，经净化、蒸氨、煅烧得到等级氧化锌，对相关工艺参数进行优化选择。结果表明，最佳浸出条件为 [氨水] / [NH_4HCO_3] = 2、液固比为 4:1、总氨浓度为 5mol/L，浸出时间为 3h，此条件下锌浸出率为 82.55%；最佳净化条件为：锌粉用量为 1.5g/L、净化时间为 2.5h，此条件下蒸氨后锌的沉淀率可达 99.95%。沉淀物在 500℃ 下煅烧 1h，得到纯度为 96.03% 的氧化锌粉末，达到了 HG - T 2527—1994 的一级标准。

　　赵春虎以氨-硫酸铵为浸出剂，研究了原料粒度、氨浓度、浸出温度、时间、液固比及搅拌速度等因素对锌浸出率的影响。实验结果表明：当矿样粒度为 12~24 目、氨浓度为 6mol/L、浸出温度为 40℃、时间为 3h、液固比为 5:1、搅拌速度为 400r/min 时，锌的浸出率可达 72.5%；氨浓度、液固比和粒度对锌浸出率影响显著，而搅拌速度、浸出温度对锌浸出率影响不明显。

　　A. J. Griffiths 等探讨了高温氯化焙烧方法从炼钢粉尘有选择地去除锌的可行性。实验使用氯化铵作为氯化试剂可脱除锌 99%。同时探讨了在焙烧温度时间和氯化剂比例等参数变化的情况下最利于锌最大化回收和铁回收最小化的条件。

　　Sárka Langová 等利用湿法冶金技术对电弧炉粉尘和炼钢污泥中锌的提取进行了研究。在高压力下微波加热，使用硫酸作为浸出剂。结果表明，超过 92% 的锌可以在 260℃ 时被浸出，在铁（Ⅱ）与铁（Ⅲ）存在的浸出液中添加适量过氧化氢溶液进行沉淀。在这种情况下，锌萃取几乎达到 99%。

　　Sami Virolainen 等采用湿法冶金的方法，从氩氧脱碳（AOD）粉尘中回收有价金属，通过选择性浸出、过滤和溶剂萃取实验，发现在浸出的粉尘中，硫酸很难浸出目标金属（锌和锰），同时保持铁固相。当控制浸出 pH 值为 3 以上时，锌和锰的回收率增高，同时保持了铁完全未溶解的状态。另外，D_2EHPA 被认为是在酸浸锌过程中的最佳浸取剂，提供良好的萃取选择性，并且认为锌和锰被认为是密苏里州 AOD 粉尘中最有价值的金属。

毛磊等研究了用氢氧化钠从瓦斯灰中提取锌，考察了氢氧化钠浓度、固液质量体积比及搅拌速度对锌浸出率的影响。试验结果表明：初始氢氧化钠浓度为 6mol/L，固液质量体积比为 1:10、反应时间 60min、搅拌速度为 600r/min 条件下，锌浸出率为 63%。分析结果表明，锌浸出过程受扩散与化学反应混合控制。

M. K. Jha 等用硫酸浸出-黄钾铁矾氨法从某高炉烟灰中提取有价金属锌。通过控制浸出温度、浸出时间、酸的浓度、固液比等条件，Zn 的浸出率为 82%、Fe 的浸出率仅为 5%。

针对土耳其钢铁厂含锌 33% 的烟尘，G. Orhan 研究利用 NaOH 浸出锌粉置换—碱法电积回收其中的锌，在浸出温度为 95℃、NaOH 浓度 10mol/L、液固比 7:1、浸出时间 2h，锌的浸出率达 85%。

攀钢将高炉瓦斯泥分选后，使其中的铁、碳、锌含量分别富集到了 45%、75% 和 10% 以上。采用 NH_4Cl 作萃取剂，碳铵作沉淀剂，从瓦斯泥中提取 Zn 并制成氧化锌。此法的萃取率大于 85%，ZnO 的纯度可达 99.5%~99.7%。

Gkhan Orhan 用 NaOH 浸出瓦斯灰，回收富集 Zn 的研究表明：锌的富集受化学反应过程控制，反应活化能为 26.7kJ/mol。在浸出温度 95℃、NaOH 浓度 10mol/L、固液比为 1:7、浸出时间 2h 条件下，Zn 的浸出率达 85%；通过锌粉置换除杂，浸出液中 Fe<0.01g/L，Cd<0.001g/L、Pb<0.12g/L，符合锌电积的要求。

1.2.4　火法处理技术

火法冶金回收是目前最能完全资源化含锌尘泥中所有成分的技术，通常需要根据工艺不同预选造球。从成球方法来看，主要有碳酸化球团法、水泥冷固结球团法、轮窑烧结法、热压块法和冷压球团法等等。在高温条件下，锌、铅、铟、铋等稀贵金属易挥发生成新的高含量金属氧化物，碳可以作为燃料和还原剂参与反应，铁矿物进入渣中可以采用选矿的方法加以回收。

白仕平等提出了采用含碳球团直接还原焙烧法处理攀钢高炉瓦斯泥，经试验研究表明，最终还原铁中全铁达到 52%~54%、金属铁为 51%~53%、金属化率大于 95%；等级氧化锌粉达到 w(ZnO) 94%~96%，其中 w(PbO) 2%~5%，初步实现了高炉瓦斯泥的高效利用。

何环宇等采用某钢铁厂的高炉瓦斯灰和转炉污泥制备金属化球团，按照一定的配方比例将两者混合造块，充分利用了尘泥中原有的碳产生的还原气氛，直接将尘泥中的含铁矿物还原成金属铁，尘泥中含锌矿物则气化进入烟尘中收集。最终金属化球团的指标为金属化率 85%，含锌小于 0.04%，锌脱除率大于 90%。

　　周渝生以宝钢含铁量 48% ~ 53%、含锌量 0.6% ~ 5% 的粉尘及瓦斯泥为研究对象，根据配比先将粉尘和瓦斯泥造球，造好的尘泥球团被熔融还原金属铁，经水冷和磁选处理后获得金属铁含量较高的粒铁产品，采用这种方法获得的铁、锌回收率均超过 90% 以上，与日本住友金属公司 SPM 法相比优势突出。

　　对于锌质量分数高的尘泥，早在 2006 年北京科技大学的孔令坛教授就提出采用转底炉直接还原钢铁含锌粉尘，实现铁锌分离的思想。2007 年北京科技大学与莱钢合作建立起国内第一台年处理钢铁冶金尘泥 30 万吨能力的转底炉工业化生产装备，并得到国家发改委"循环经济示范工程"的资助。近年来，国内有多家大的钢铁公司对该项技术进行了改进性工业生产线建设，特别是像北京神雾集团、中冶集团等专业化窑炉研制企业的加入，大大加速了该项技术的产业化成熟度。

　　唐忠勇等用高炉瓦斯灰和转炉污泥进行了直接还原试验研究。试验结果表明，随还原温度提高及还原时间延长，直接还原球团的全铁含量、脱锌率均增大。在 C/O = 1.0、还原温度 1220℃ 以上、还原时间 30min 以上时，还原球团的全铁含量均大于 71%，锌含量均小于 0.05%，脱锌率大于 85%。

　　王琼等研究布袋灰和重力灰焙烧还原脱锌的过程。根据锌沸点较低的特征，利用尘泥中的自含碳进行脱锌还原，将含铁尘泥布袋灰和重力灰造球后，进行焙烧还原，在 1370K 的条件下焙烧还原 60min。锌在沸点以上挥发，尘泥脱锌率达到 90% 以上。

　　刘瑜等利用碳热还原方法开展了高炉瓦斯泥焙烧脱锌实验研究，研究结果表明，碳热还原焙烧高炉瓦斯泥可有效脱除高炉瓦斯泥中的锌。最佳工艺条件为：焙烧温度为 1423K，焙烧时间为 180min，物料粒径为 9.5 ~ 10.5mm，在最佳工艺条件下，高炉瓦斯泥脱锌率达 99.2%，焙烧剩余渣中锌质量分数低于 0.15%，可返回高炉使用。

　　刘建辉等采用回转窑还原烟化法，即"威尔兹"法，以高炉瓦斯灰为主要原料，加入适量的还原剂（煤和焦炭）以及含硅钙的溶剂（如硫酸锌生产过程中的红泥等固体排放物），配料至混合料含锌 10% 左右，在回转窑中进行烟化处理。实验结果表明：瓦斯灰中的 Fe 主要残留在窑渣中，渣中含铁可以达到 40%，通过控制烟化工艺，使得 Fe 主要以磁铁矿形式存在于渣中，可以作为选铁原料，Zn、Pb、In、Bi 等有价金属富集在产品次氧化锌中，分别得到了 5 倍、4 倍、5 倍和 3 倍的富集。

　　张丙怀以高炉瓦斯泥为原料，采用含碳球团还原焙烧的方法对高炉瓦斯泥高效利用进行了研究，研究结果表明：还原后的球团为半金属化球团，其全铁（TFe）含量为 52% 左右，最高达 65.2%；单个球强度在 2kN 左右；副产品氧化锌粉含 ZnO 95% 左右，最高达 97.97%。

1.2.5　联合处理技术

广东韶关钢铁集团为充分回收尘泥中的多种有价成分，先采用火法将尘泥、焦炭、钢渣熔剂混合造成的球团进行高温熔炼，一些低沸点的有色和稀有稀散金属如锌、铅、铋、铟等就会被气化随炉气带出，通常金属富集比可以达到2~3倍，经专门的收尘设备回收得到高纯度的金属氧化物。为得到更纯的金属制品，气化回收的金属氧化物采用湿法萃取，酸浸分离后获得最终金属制品。采用联合回收技术通常可以获得较高的金属回收率，如锌回收率超过72%、铋回收率超过65%、铟回收率超过50%、铅回收率超过85%，同时高炉瓦斯尘泥经熔炼炉处理后，基本上消除了其本身的有害有毒物质。

罗文群等利用高炉炼铁瓦斯泥中的锌，采用火法富集和湿法浸取制取活性氧化锌，考察了温度、时间对火法富集产品中氧化锌含量和原料瓦斯泥中锌挥发率的影响，确定了富集工艺的最佳条件为：在氮气氛围下，温度从常温以10℃/min升温至1000℃并且在1000℃下保持1h，得到的富集产品中氧化锌含量为82.24%，瓦斯泥中锌挥发率为97%。同时考察了温度、氨水用量、碳酸氢铵用量和液固比等因素对氧化锌浸取率的影响。确定的最佳工艺条件为：浸取温度为40℃，氨水用量为理论量的2倍，碳酸氢铵用量为理论量的2倍，液固比为4∶1，浸取时间为2h，氧化锌浸取率达99.9%。湿法制得的活性前驱体碱式碳酸锌，经煅烧得到纯度为98.4%的活性氧化锌产品，氧化锌的总回收率达95.3%。

朱耀平以云南某钢铁企业含有Zn 10.5%、Pb 1.0%和In 0.012%的瓦斯灰为研究对象，先采用在高温条件下将Zn、Pb和In还原挥发出来，然后对Zn、In分步萃取，中性浸出锌，高温高酸浸出铟，最后采用熔炼、电解精炼获得精铟、精铋和电锌，铅则以$PbSO_4$形式存在，含量约为35%。总体上铟的回收率为50%~60%，锌的回收率为70%~75%。

红河锌联科技发展有限公司结合有色冶金行业的最新技术，针对钢铁冶金尘泥资源化综合回收自主开发的集成技术，解决了脱氯、脱铁、除杂等一系列难题，最终回收出锌、铟、铋、锡、铁精矿、一次还原铁粉、碳微粉等多种产品。该技术主要有如下特点：（1）钢铁冶金尘泥可以规模化、连续化火法处理，年工作日达310天以上，单台设备处理能力大；（2）解决了高氯原料难以高效湿法提取氧化锌的难题，并实现了硫酸浸出渣中高纯铟的回收利用；（3）可以生产出Pb+Bi质量分数超过92%的铅铋合金，进一步采用电解精炼后可产出高纯度的电铅、富铋和粗碱；（4）能有效回收残余尘渣中的铁、碳资源，从而实现瓦斯泥整体利用和零排放。目前，红河锌联科技发展有限公司年处理能力为130万吨，已在云南个旧、河北唐山等地建立了16个钢铁冶金尘泥资源化综合利用基地。由于该项技术实现了高附加值有色和稀有稀散金属的深度回收，在目前铁精矿和废钢价格低迷的条件下，更加显示出其竞争力，同时大幅度减少了重金属和稀有稀散强毒性金属物质向环境中的排放。

柳钢针对高炉瓦斯泥含锌量低的特点，采用回转窑工艺富集氧化锌，然后采用湿法提纯氧化锌，即采用"火法富集—湿法提纯"技术处理高炉瓦斯泥（灰）等含锌原料。首先采用成熟可靠的回转窑工艺处理瓦斯泥（灰），进一步将氧化锌富集到60%以上，然后采用酸浸处理，经过净化过滤、碳化过滤、烘干热解制备超微碳酸锌，热解制取包括超微氧化锌在内的氧化锌系列产品。此工艺可以彻底根治"三废"，获得了较好的经济效益、环保效益和社会效益。

D. M. Lenz 和 F. B. Martins 同样提出利用水解—强碱焙烧—强碱浸出—沉淀分离的方法回收瓦斯泥中的锌和铅，不同之处在于碱性浸出液先加入两倍沉铅理论量的硫化钠进行沉铅，此时锌基本没有损失，然后加入三倍沉锌理论量的硫化钠进行沉锌，以硫化锌的方式进行锌的回收。

D. K. Xia 和 C. A. Pickles 发现瓦斯泥中的铁酸锌可以通过强碱烧结转变成锌酸钠和氧化铁，再经过氢氧化钠浸出，以氧化锌和锌酸钠形式存在的锌全部进入浸出液中，而铁留在渣中，经过强碱烧结过程，瓦斯泥中锌的浸出率可以达到95%。

针对锌中25%~50%以铁酸锌形式存在的瓦斯泥，Y. C. Zhao 和 R. Stanforth 提出两段式碱性浸出工艺，具体工艺流程为：首先，瓦斯泥用水或稀碱进行水解处理，浸出渣继续用水洗涤后烘干，然后，水解渣在318℃经烧碱焙烧，焙烧矿再经 5mol/L 的氢氧化钠溶液逆流浸出，锌的浸出率为99%；浸出液经过滤后加入硫化钠进行沉铅处理，沉铅后液经过浓缩直接进行电解，得到含锌99.0%~99.9%的锌粉。

1.2.6　其他利用技术

李善评以济钢的高炉瓦斯灰为原料，制备复合型无机高分子絮凝剂聚合氯化铝铁（PAFC），用盐酸溶瓦斯灰最佳的溶出实验条件为：温度100℃左右，时间3h，灰酸比1:3，此时铁、铝溶出率分别为67.61%和11.35%；在最佳溶出实验条件的基础上，向溶出液中加入 $Al(OH)_3$ 溶胶，在60~70℃的条件下搅拌反应4h，得到的复合无机高分子絮凝剂聚合氯化铝铁稳定性好，对浊度废水的浊度去除率为99.36%。

苏敏等研究表明，当 $Cu(II)$ 初始浓度为100mg/L时，吸附的最佳条件：高炉瓦斯泥用量为1.5g/L，pH=5，吸附时间为20min，温度为313K。此时，吸附率为99.99%。$Cu(II)$ 在高炉瓦斯泥上的吸附过程符合准二级动力学反应模型，是物理吸附和化学吸附协同作用完成的，该吸附为自发的、伴随吸热的熵增过程。总之，将高炉瓦斯泥用于 Cu(Ⅱ) 的吸附具有很高的经济效益。

杨维以工业废渣高炉瓦斯灰和炼铝灰渣为原料，在合成聚合铝铁絮凝剂 PAFC 的过程中添加钕的化合物，研制一种稀土钕改性聚合铝铁絮凝剂（Nd-PAFC），改性絮凝剂的最佳合成条件为：铝铁摩尔比为 1:3，碱化度为 2.0，稀土钕添加量为 0.0028mol/L；在最佳的稀土钕改性条件下，Nd-PAFC 的去除效果比自制 PAFC 高 4.47%。

彭开玉等对微波场下冶金含锌尘泥的脱锌效果进行了实验研究。实验采用在精矿粉中配入一定量的氧化锌来模拟冶金含锌尘泥，用黏结剂造球，以炭粉和碳化硅作还原剂，对采用微波和火法两种加热方式的脱锌效果进行了比较。微波频率为 2450MHz、输出功率为 7kW。结果表明：微波处理冶金含锌尘泥脱锌反应快、效果显著，并且用 SiC 作还原剂时效果较好，得到的氧化锌纯度可达 97.7%。

诸荣孙等采用循环伏安法分别研究了不同锌离子浓度下模拟液及堆浸液电积锌过程。研究结果表明，无论是模拟液还是实际堆浸液，电积锌循环伏安过程为不可逆过程。而不同扫描速度下锌离子浓度为 13g/L，模拟液及堆浸液的电沉积锌循环伏安研究结果表明，反应物四羟基络合锌离子在电极上为弱吸附。对瓦斯灰堆浸液进行串联电解，所得的锌粉在 JSM-6510LV 钨灯丝扫描电子显微镜上进行分析，电解锌粉含铜为 2.14%、含铁为 0.26%、含锌为 97.7%，锌粉符合国家三级以上标准。

A. Lopez-Delgado 等用高炉瓦斯泥吸附重金属离子。研究表明：（1）瓦斯泥对 Pb^{2+} 的吸附主要发生在赤铁矿相中；（2）瓦斯泥的吸附能力随 $Fe_2O_3/C_总$ 的增加而升高；（3）随着温度的升高，瓦斯泥对 Pb^{2+} 的吸附量增大，在 80℃ 时，吸附量达到 79.89mg/g；（4）对于不同的重金属离子，吸附量的顺序为 Pb>Cu>Cr>Cd>Zn。

1.3 冶金尘泥浸出机理研究现状

1.3.1 热力学理论研究

朱奎松利用非等温热重分析和马弗炉定温加热试验研究高炉瓦斯泥加热自还原的变化过程，并运用 HCS 热力学计算软件计算瓦斯泥自还原过程中 Fe、Zn 氧化物还原的平衡组成及其金属化率，探讨了瓦斯泥加热自还原过程铁和锌氧化物还原规律。结果发现，高炉瓦斯泥自还原过程可分为五个阶段：Ⅰ阶段（22.0~390.1℃），发生 C 的气化反应和物理吸附；Ⅱ阶段（437.7~758.9℃），发生铁氧化物还原，金属化率不断增大；Ⅲ阶段（758.9~936.1℃），铁、锌氧化物还原共存，铁、锌金属化率仍不断增加；Ⅳ阶段（936.1~1031.7℃），铁氧化物和锌氧化物还原较充分，铁、锌金属化率最大分别达到 70% 和 99.7%；Ⅴ阶段

（1031.7~1255.3℃），铁氧化物和锌氧化物反应完全，此过程气态锌可能发生氧化。

何仕超等为实现湿法炼锌窑渣磁选铁精矿中银、铜、铁等有价元素的综合回收，提出一种基于盐酸浸出的新工艺，从理论和实验两方面开展研究。物相分析表明：窑渣铁精矿中主要含铁物相为 Fe、FeO、FeS、Fe_2O_3、Fe_3O_4 和 $FeSiO_3$。计算绘制了 Fe-Cl-H_2O 系 φ-pH 优势区图以及 FeS、FeO、$FeSiO_3$-H_2O 系和 FeS、FeO、$FeSiO_3$-Cl^--H_2O 系的 lg$c$-pH 图，分析窑渣铁精矿盐酸浸出的热力学可行性。结果表明：各含铁物相在盐酸浸出中均能溶解，$[Cl^-]_T$ 越高，其溶解度就越大，由于不同阴离子在体系中溶解性质的差异，因此，Cl^- 影响 FeO、FeS 和 $FeSiO_3$ 溶解的 pH 值范围不同，分别为 4.2~10.8、0.4~10.8 和 0~10.8。

白仕平通过对高炉瓦斯泥性质及还原热力学的分析研究，得出在高温条件下高炉瓦斯泥比较容易还原，在很短时间内（20~40min）还原基本结束。还原温度越高，还原结束的时间就越短。各金属氧化物的还原开始温度都不是太高：ZnO 在温度为 952℃ 时就开始还原，PbO 的初始还原温度为 281.9℃，Fe_2O_3 为 324.5℃，Fe_3O_4 为 664.2℃，FeO 为 705.5℃。

丁治英等使用化学平衡建模代码（GEMS）来研究锌湿法冶金工艺中的热力学，以预测锌溶解度并构建 Zn(II)-NH_3-H_2O 和 Zn(II)-NH_3-Cl-H_2O 浸出体系。对比模拟预测值，其实验测量的锌溶解度吻合度较高。通过优势图可以发现，氨溶液中含锌物种主要为氨和羟基氨络合物，其中 $Zn(NH_3)_2^{4+}$ 主要存在于 Zn(II)-NH_3-H_2O 和 Zn(II)-NH_3-Cl-H_2O 弱碱性溶液体系中。在 Zn(II)-NH_3-Cl-H_2O 体系中，氨和氯化物的三元配合物使得锌在中性溶液中的溶解度得到了提高。根据总氨、氯化物和锌的浓度，有三种锌化合物 $Zn(OH)_2$、$Zn(OH)_{1.6}Cl_{0.4}$ 和 $Zn(NH_3)_2Cl_2$，锌的溶解度取决于它们。这些热力学图显示了氨、氯化物和锌浓度对锌溶解度的影响，可以为锌湿法冶金提供热力学参考。

牟望重等以某铅锌硫化矿作为研究对象，对其进行富氧浸出，同时进行了相应热力学计算，得到了当温度为 160℃、氧分压为 1.0MPa、离子活度 1.0 时，ZnS-H_2O 系、PbS-H_2O 系以及 PbS-ZnS-H_2O 系 φ-pH 图，经过分析得出了 Zn^{2+}、$PbSO_4$ 和 S 单质共存的区域。从热力学角度证明了富氧浸出铅锌硫化矿的可行性，实现了铅、锌的高效分离。

邹玄通过对冶金尘泥进行热力学研究得出，在 Zn-H_2O 体系中，随着 Zn^{2+} 浓度的增加，溶解组分的聚集状态保持不变，形成 Zn^{2+} 的电势逐渐降低，对浸出反应是极为有利的。在 Fe-H_2O 体系 φ-pH 图中，控制一定的电势及 pH 值条件，就构成了浸出、浸出液净化和电积过程所要求的稳定区域；在 Zn-Fe-H_2O 体系中，随着溶液中锌、铁离子浓度的增加，各组分在溶液中的状态不变，优势区域大小开始随溶液的 pH 值改变而改变。当电势、pH 控制在不同的范围，可以实现不同程度 Zn、Fe 的分离。对比不同温度下 $ZnO \cdot Fe_2O_3$ 以及 Fe_3O_4 的 φ-pH 图，可以发现 Fe_3O_4 稳定区的 pH 值比 $ZnO \cdot Fe_2O_3$ 稳定区的 pH 值大，表明 Fe_3O_4 较 $ZnO \cdot Fe_2O_3$ 易于酸浸出；随着温度升高，Fe_3O_4 与 $ZnO \cdot Fe_2O_3$ 的稳定区均增大，即酸浸难度增大，$ZnO \cdot Fe_2O_3$ 比 Fe_3O_4 更难浸出。$Zn-S-H_2O$ 体系 φ-pH 图可以看出，进行简单酸浸所需的 pH 值很低，为 -1.585，实际上是不可能的。因此对于闪锌矿，一般进行常压富氧浸出或者加压酸浸。

1.3.2 动力学理论研究

毛磊等研究了用氢氧化钠从瓦斯灰中提取锌，考察了氢氧化钠浓度、固液质量体积比、浸出温度、反应时间及搅拌速度对锌浸出率的影响。试验结果表明：在初始氢氧化钠浓度 6mol/L、固液（质量体积比）比 1∶10、浸出温度 80℃、反应时间 60min、搅拌速度 600r/min 条件下，锌浸出率为 63%。高炉瓦斯灰颗粒表面有孔隙，颗粒内的扩散速率会影响整个浸出过程；两种模型所得到的表观活化能分别为 24.6kJ/mol、36.0kJ/mol，也表明氢氧化钠浸出锌的反应为化学反应及扩散混合动力学控制。

邹玄等对含锌尘泥中锌的浸出动力学进行了研究，并探讨了硫酸浓度、液固比、搅拌速度等条件对锌浸出率的影响规律。从动力学的角度分析了整个浸出过程，得到优化条件：硫酸浓度为 0.5mol/L，液固比为 6∶1(mL/g)，搅拌速度为 300r/min，反应时间为 40min，在此优化条件下最终锌浸出率可以达到 96.30%。动力学研究结果表明：在硫酸体系中锌的浸出过程符合 $n = 0.1604$ 的 Avrami 动力学模型，表观活化能 10.02kJ/mol，表明浸出过程受边界层扩散控制。

李倩等对湿法炼锌净化渣的浸出动力学进行了研究，并探讨了硫酸浓度、反应温度、粒度等对钴、锌浸出率的影响规律。从动力学的角度分析了整个浸出过程，得到优化条件：液固比 50∶1，硫酸浓度 100g/L，反应温度 70℃，粒度 75~80μm，反应时间 20min。在此优化条件下钴的浸出率为 99.8%，锌的浸出率为 91.97%。结果表明：在硫酸体系中钴的浸出符合不生成固体产物层的未反应收缩核模型。通过 Arrhenius 经验公式求得钴和锌表观反应活化能分别为 11.693kJ/mol 和 6.6894kJ/mol，这表明浸出过程受边界层扩散控制。

詹光等为了研究烧结电除尘灰中回收钾盐的强化浸出措施，使用 ICP-AES、SEM-EDS 和 XRD 分析技术对除尘灰的表面和内部形态，特别是钾盐的赋存形式进行分析。结果表明，该电除尘灰的主要成分是铁氧化合物，在其表面裸露吸附着一定含量的 KCl 晶体。水浸实验表明，该粉尘中的 KCl 可以通过水浸出、蒸发结晶的方式回收，其收率为 18.56%。结晶产物的分析结果表明，KCl 占 61.21%、NaCl 占 13.40%、$CaSO_4$ 占 14.62%、K_2SO_4 占 10.86%，其水浸出动力学符合外扩散控制模型控制。强化浸出实验表明，提高浸出温度、加强搅拌、增加液固比等措施可以提高钾盐的浸出率和浸出速率。

姜艳等采用酸浸法回收高炉炼铁烟尘中的锌，研究了硫酸浓度和浸出温度对锌浸出速率的影响，并分析了锌的浸出动力学。结果表明，其浸出过程动力学方程遵从未反应核缩减模型，浸出动力学方程为 $1-2/3R-(1-R)^{2/3}=kt$，其浸出反应活化能为 12.7kJ/mol，浸出过程为内扩散过程控制，表观反应级数为 0.94817。提高反应温度和硫酸浓度，均能加速锌的浸出，提高锌的浸出率。

A. D. Souza 等研究了硫化锌精矿在酸性硫酸铁中的浸出动力学，考察了温度、铁离子和硫酸浓度、搅拌速度和粒径的浸出动力学研究。结果表明，浸出过程受化学反应和扩散效应同时控制，其中化学控制步骤的活化能是 27.5J/mol，扩散控制的步骤活化能是 19.6J/mol。

杨声海研究硅酸锌在氯化铵溶液中的浸出动力学，讨论搅拌速度（150～400r/min）、浸出温度（95～108°C）、硅酸锌粒度（61～150μm）以及氯化铵浓度（3.5～5.5mol/L）对锌浸出率的影响。结果表明，减小硅酸锌粒度、提高浸出温度和氯化铵浓度可以显著地提高锌的浸出率。在多孔颗粒的动力学模型中，颗粒模型的孔隙扩散控制能很好地描述锌的浸出动力学。浸出反应的表观活化能为 161.26kJ/mol，氯化铵的反应级数为 3.5。

江庆政以某铁闪锌矿作为研究对象，进行浸出动力学研究，重点考察了锌、铁浸出动力学变化规律。研究发现，界面化学反应主要控制铁闪锌矿中锌的浸出，而铁闪锌矿中铁的浸出过程主要受界面化学反应和扩散效应同时混合控制，两者浸出动力学方程均遵循符合未反应收缩核模型，表观活化能分别为 73.30kJ/mol 和 37.66kJ/mol。

白仕平从高炉瓦斯泥还原动力学研究得到，高炉瓦斯泥的还原过程分为两个不同阶段，初期的还原条件明显优于后期，还原反应较迅速。还原初期过程受化学反应控制，综合表观动力学方程为 $\ln(1-f(t))=-159213.3e^{-171310/RT}t$；还原后期过程受气体扩散控制，综合表观动力学方程为 $[1-(1-f(t))^{1/3}]^2 = 73423.55e^{-186782/RT}t$。

1.4　冶金尘泥利用发展方向

近年来，冶金尘泥资源利用技术的快速发展有效地解决了传统尘泥资源清洁、高效利用过程中的技术难题，对尘泥的资源利用已经成为钢铁冶金行业新的经济增长点。由于尘泥来源、成分及粒度等方面的差异性较大，单一处理技术存在明显不足，冶金尘泥高效资源利用的发展方向和趋势需考虑以下几方面：

（1）冶金尘泥资源化利用的生产成本集中在能耗和工艺技术流程方面，低能耗和短流程是其发展的主要方向，如利用钢铁企业余热资源和采用选矿富集、湿法萃取都具有显著的降低能耗的效果。

（2）冶金尘泥大多是经过高温冶炼后产生的烟尘状物料，具有显著的活性高、比表面积大等特点，对尘泥中的活性氧化锌、亚微米级铁、碳及钙、镁进行精细化开发利用，进一步生产制备超微细充填粉体、粉末冶金材料、颜料等，将会有效提高产品的附加值。

（3）二次粉尘和重金属污染在冶金尘泥资源利用过程中极易发生，严格控制二次污染物的产生，实施清洁化的生产工艺对于冶金尘泥资源利用具有重要的作用。

（4）综合考虑冶金尘泥物化性质、矿物组成，实施低价值产品维持生产成本、高附加值产品创造利润和零排放的整体化资源利用方案，将会积极推动冶金尘泥资源高效利用规模化发展和促进提高企业行业竞争力。

2 含锌冶金尘泥分选技术研究

2.1 研究目标

针对我国冶金尘泥资源的生产现状和尘泥中有价元素提取研究中存在的问题，以河北某地含锌絮结冶金尘泥作为研究对象，对其絮团分散—旋流分级提锌—浮选选碳—磁重提铁—酸浸出锌的分选理论及应用进行研究，预期达到以下目标：

（1）采用三轴黏性料浆搅拌装置及化学药剂复合分散方法，实现絮结冶金尘泥的有效分散；

（2）在水力旋流器数值模拟的基础上，确定其基本工艺及结构参数，进行有效提锌试验；

（3）采用物理分离技术对尘泥中的铁、碳资源进行综合回收，并优化其工艺流程；

（4）实现含铁冶金尘泥的选择性浸出，采用响应曲面法优化其工艺条件；

（5）进行冶金尘泥浸锌的热力学研究，分析其热力学浸锌的反应条件及热力学规律；

（6）进行冶金尘泥浸锌动力学的研究，完善该冶金尘泥的酸浸动力学规律。

2.2 研究技术路线

取絮结的冶金尘泥原料，采用 XRD 衍射、SEM 扫描电镜和能谱分析、电子偏光显微镜、X 射线能谱仪、荧光光谱等分析冶金尘泥中有价元素的含量、嵌布粒度、矿物组成、化学组成、主要矿物特征及赋存状态，为后续工艺的确定提供基础。在原料性质的基础上对絮结尘泥进行分散行为研究，采用 Fluent 软件对水力旋流器流场进行模拟，确定其最佳工艺参数及结构参数，进行提锌验证实验。以回收铁、碳为目的，进行多种分选流程试验，最终实现有价元素的高效、清洁物理分离。对含锌物料进行湿法浸出研究，分析各个条件因素对锌、铁选择性浸出规律，在此基础上进行热力学及动力学研究。技术路线如图 2-1 所示。

2.3 研究内容

围绕冶金尘泥再资源化的应用基础研究，主要的研究内容如下：

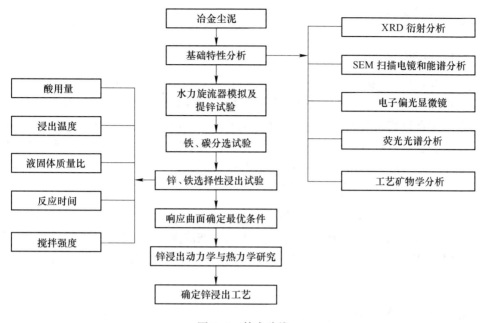

图 2-1 技术路线

原料基础特性研究：对所取冶金尘泥分别进行密度检测、粒度组成分析、XRF 荧光光谱分析、物相分析、主要元素化学分析及检测、SEM 及 EDS 分析、工艺矿物学分析等，确定原料中的化学组成和矿物组成，各种矿物的含量、形态及嵌布关系等。

分散试验研究：针对絮结尘泥，主要进行物理分散、化学分散以及复合分散技术对沉降率的影响，确定最佳分散条件。

水力旋流模拟及提锌试验：对水力旋流器的工艺参数及结构参数进行模拟，确定最优的条件因素，在此基础上进行提锌试验。

铁、碳分选试验：采用浮选柱对碳进行浮选工艺条件试验，其浮选尾矿采用不同的分选工艺（弱磁选、强磁选、重力选矿）进行提铁试验。

锌浸出条件试验：对浸出过程中的工艺参数，如液固比、浸出时间、搅拌速度、浸出剂浓度、浸出温度等条件进行优化，同时考察这些因素对锌、铁在浸出过程的影响，采用响应曲面法优化选择性浸出锌、铁的最优工艺条件。

浸出热力学及动力学研究：对锌的浸出动力学进行研究，探讨硫酸浓度、液固比、搅拌速度等在不同的反应时间下对锌浸出率的影响规律，根据热力学基本原理，通过绘制 φ-pH 图及 $\lg c$-pH 图两种方法来深入研究浸出过程中 Zn、Fe 的浸出行为。

2.4 研究方法

2.4.1 机理研究方法

2.4.1.1 锌浸出热力学研究

根据相关热力学数据，分析硫酸浸锌的可行性，根据热力学基本原理，分析冶金尘泥在硫酸体系中可能发生的各类化学反应，计算各反应在某一温度下的电位及值，从而绘制出锌在不同条件下的图形，分析硫酸浸锌的热力学规律。通过绘制 φ-pH 图及 lg$c$-pH 图两种方法来深入研究浸出过程中 Zn、Fe 的浸出行为，为生产实践提供更为可靠的理论依据。

2.4.1.2 锌浸出动力学研究

通过冶金尘泥硫酸浸锌试验研究，考察硫酸浓度、浸出温度对冶金尘泥浸出反应动力学的影响，求出硫酸浓度及浸出温度的反应级数及其表观活化能，建立含锌尘泥浸出过程的反应速率方程。

2.4.2 冶金尘泥原料研究方法

2.4.2.1 工艺矿物学研究

针对具有代表性的冶金尘泥原料，利用荧光光谱分析、光学显微镜分析、扫描电镜分析等手段进行工艺矿物学研究，以查明原料中的化学组成和矿物组成，各种矿物的含量、形态及嵌布关系等。

2.4.2.2 浮选试验

浮选柱试验中选用中国矿业大学科技有限公司生产的 ϕ50mm×2000mm 实验室型-静态微泡浮选柱作为分选设备，ϕ300mm×450mm 搅拌桶作为调浆设备，采用功率为 0.75kW 的蠕动泵作中矿循环泵，采用两台 0.55kW 的蠕动泵分别作为给料泵和排尾泵。试验用水为自来水，浮选产品分别烘干、称重，经化验品位后计算回收率。

分选系统的设备示意图如图 2-2 所示。

2.4.2.3 浸出试验

冶金尘泥硫酸浸出实验在 300mL 锥形瓶中进行，每次称取 15g 原料于锥形瓶中，整个浸出过程反应温度由 HH-6 数显恒温水浴锅控制，搅拌速度由 JJ-6S 六联异步电动搅拌器实时控制，浸出过后用 2XZ-1 型旋片式真空泵抽滤，使得浸出液与滤渣分离，分离过后烘干称重，计算浸出率。原料中锌、铁浸出率计算如下：

设原料干重为 $Q(t)$、某组分的品位为 $\alpha(\%)$，浸渣干重为 $m(t)$、渣品位为 $\delta(\%)$，则该组分的浸出率 ε 为：

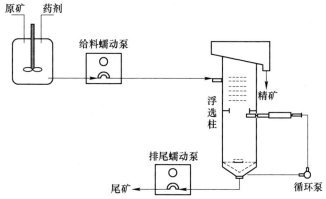

图 2-2 实验室分选系统设备示意图

$$\varepsilon = \frac{Q\alpha - m\delta}{Q\alpha} \times 100\%$$

冶金尘泥硫酸浸出过程主要化学反应式见式（2-1）~式（2-3）：

$$ZnO + H_2SO_4 \Longrightarrow ZnSO_4 + H_2O \tag{2-1}$$

$$Fe_2O_3 + 3H_2SO_4 \Longrightarrow Fe_2(SO_4)_3 + 3H_2O \tag{2-2}$$

$$MeO + H_2SO_4 \Longrightarrow MeSO_4 + H_2O \tag{2-3}$$

2.4.2.4 磁选试验

磁选实验采用 XCRS-ϕ400-300 鼓形湿法弱磁选机，每次试验称重 1000g，矿浆浓度为 25%~40%。试验用水为自来水，磁选产品分别烘干、称重，经化验品位后计算回收率。

2.4.2.5 水力旋流器分级试验

进行水力旋流器分级试验时，首先将矿浆调至合适的浓度，然后打开渣浆泵，把矿浆送入旋流器中进行分级，给矿压强通过阀门进行调节，并利用压力表同步检测，待系统运行平稳后，取原矿、溢流及底流产品样，分别量取矿浆体积后，烘干、称重并进行化学成分分析及必要的粒度分析，再计算产品的回收率和分级效率等指标。

2.4.2.6 重选试验

重选试验中主要采用了悬振锥面选矿机、摇床分选机、螺旋溜槽等设备，对冶金尘泥中的含铁矿物进行提铁试验研究，考查矿浆浓度、处理量等参数对各自设备分选效果的影响。

2.4.3 试验药剂与设备

2.4.3.1 化学试剂

试验采用的化学药品及浮选药剂的名称、品级、分子式等按其功能列表，见表 2-1。

表 2-1　试验用化学药剂明细

药剂名称	品级	状态	分子式
柴油	工业品	液态	
2 号油	工业品	液态	
盐酸	分析纯	液态	HCl
硫酸	分析纯	液态	H_2SO_4
氢氧化钠	分析纯	固态	NaOH
焦磷酸钠	工业品	固态	
水玻璃	工业品	液态	$Na_2O \cdot nSiO_2 (n = 2.6)$
六偏磷酸钠	工业品	固态	$(NaPO_3)_6$
淀粉	分析纯	固态	$(C_6H_{10}O_5)_n$

所有的药剂均用去离子水配成适当浓度的溶液使用，其中淀粉配置时，需加 NaOH 进行苛化，加热直至变成无色透明液体后，冷却后使用，并且现配现用。

去离子水的水质分析结果见表 2-2。

表 2-2　去离子水的水质分析结果　　　　　（mg/L）

成分	Ca	Na	Mg	Sb	Ni	Sn	V	Zn	Al	As
含量	2.4	0.07	<0.02	<0.01	<0.01	<0.01	<0.01	0.05	<0.01	<0.01

浓盐酸为冶金尘泥后续酸浸试验的浸出试剂，质量分数为 98%，配制硫酸溶液可按照式（2-4）进行：

$$\alpha \times 98\% \times 1.84 = y \times \beta \times 98 \tag{2-4}$$

式中　α——配置一定浓度所需的浓硫酸的体积，mL；

　　　y——容量瓶的规格，mL；

　　　β——需配置的浓度，mol/L。

2.4.3.2　设备仪器

矿样制备和浮选过程中所用的主要设备及仪器见表 2-3。

表 2-3　矿样制备和浮选过程中所用的主要试验设备及仪器

设备名称	设备型号	生产厂家
颚式破碎机	SP60×100	武汉探矿机械厂
辊式破碎筛分机	XPS-ϕ250×150	武汉探矿机械厂
单槽浮选机	XFD	长春探矿机械厂
刻槽摇床	1100×500	南昌海峰探矿机械厂

设备名称	设备型号	生产厂家
精密酸度仪	PHS-3C	上海华岩仪器有限公司
X射线衍射仪	D/MAX2500PC	日本理学株式会社
超声波清洗仪	Retsch USG 49/545	德国 RETSCH 公司
X射线荧光光谱仪	ZSX Primus Ⅱ	日本理学公司
场发射扫描电子显微镜（SEM）	S-4800	日本日立公司
超纯水机	70L/h	天津优普科技有限公司
周期式脉动高梯度磁选机	Slon-100	赣州金环磁选设备有限公司
鼓形湿法弱磁选机	XCRS-ϕ400-300	武汉探矿机械厂
六联数显异步电动搅拌器	JJ-6s	金坛市精达仪器制造有限公司
旋片式真空泵	2XZ-1	台州市黄岩汇丰真空设备厂
抽滤瓶	1000mL	—
电热恒温鼓风干燥箱	HENGZI	上海跃进医疗器械有限公司
精密电子天平	CP214	北京赛多利斯仪器系统有限公司
标准筛	—	上虞市道墟建材试验仪器厂
沉降天平	TZC-4	上海衡平仪器仪表厂
悬振锥面选矿机	LXZ-1200A	云南德商矿业股份有限公司
三头研磨机	XPM-ϕ120×3	武汉探矿机械厂
浮选柱	ϕ50×2000mm	中国矿业大学科技有限公司
水力旋流器	ϕ50	唐山联众选煤科技有限公司

2.4.4 分析与检测方法

2.4.4.1 X射线荧光光谱分析

X射线荧光光谱分析是指利用某些物质在紫外光照射下产生荧光的特性及其强度进行物质的定性和定量分析的方法。

冶金尘泥原料的X射线荧光分析结果由东北大学分析测试中心提供。

2.4.4.2 XRD分析

待测样品在华北理工大学测试中心的 D/MAX2500PC 型 X 射线衍射仪上扫描得到矿物的 X 射线衍射谱。试验条件：40kV，100mA，Cu 靶，扫描速度4°/min，扫描范围 10°~70°，步长 0.02°。

2.4.4.3 扫描电镜分析（SEM）和能谱分析（EDS）

将待测样品置于导电胶上，喷金后在扫描电子显微镜下采用不同倍率观察其形貌特征和粒径尺寸大小，利用 X 射线能谱仪（EDS）可以在显微形貌和显微结构分析的同时进行微区成分分析，可进行材料的显微结构观察与分析、材料中缺陷分析、失效分析等。

冶金尘泥的 SEM-EDS 分析结果由北京科技大学测试中心提供。

2.4.4.4 工艺矿物学分析

偏光显微镜利用光的偏振特性对具有双折射性物质进行研究鉴定，对矿物进行单偏光观察、正交偏光观察、锥光观察。将普通光改变为偏振光进行镜检，以鉴别某一物质是单折射（各向同性）或双折射性（各向异性）。

2.4.4.5 碳品位测定

实验使用马弗炉对样品进行煅烧。取 1.000g 瓦斯泥样品在 815℃ 下煅烧 60min，剩余物质的量与原样品量的比值为灰分含量。另取 1.000g 瓦斯泥样品在 900℃ 下煅烧 7min，原样品量与剩余物质的量的差与原样品量的比值为挥发分含量。固定碳含量（%）的公式如下：

$$固定碳含量 = 100 - 灰分含量 - 挥发分含量$$

2.4.4.6 铁品位测定

（1）用电子天平称取铁样品标样两份和其他待测样，各 0.1000g（0.0999 ~ 0.1001g）于锥形瓶中。

（2）加 15 ~ 20mL 盐酸于锥形瓶中，摇晃后放在加热板上加热溶解（若铁样难溶，加 0.5gNaF）。

（3）加热一段时间后（基本上溶液沸腾 1 ~ 2min），观察铁样是否全部溶解，溶液呈黄色，贴着瓶壁加蒸馏水，一般沿瓶口冲 2 ~ 4 圈，放在加热板上继续加热，加若干滴 $SnCl_2$，到颜色为淡黄，然后，直到颜色不再变化。若颜色又变深黄色，则继续加 $SnCl_2$ 直到淡黄色。如果滴 $SnCl_2$ 过量即溶液为白色，则加高锰酸钾，到淡黄色为止。放在冷水中冷却。

（4）加入 5 滴钨酸钠指示剂，摇晃均匀，然后加三氯化钛直到溶液的颜色呈蓝色为止，然后加重铬酸钾溶液，到白色为止。

（5）加入 15 ~ 20mL 硫磷混酸，加 3 ~ 4 滴二苯胺磺酸钠指示剂。

（6）用重铬酸钾标液滴定，至稳定的紫色为止。

3 含锌冶金尘泥基础特性研究

本书实验部分冶金尘泥取自河北钢铁股份有限公司某分公司，其钢铁生产流程为高炉炼铁和转炉炼钢联合工艺流程，其中瓦斯泥取自带式压滤机的传送带，由于瓦斯泥是经湿式除尘后过滤脱水得到的产物，在过滤过程中需加入大量的聚丙烯酰胺作为絮凝剂，致使待分选的冶金尘泥中颗粒絮团现象严重，难以实现有价元素的高效提取，因此在后续试验研究中需对其进行絮团分散处理。除尘灰取自重力除尘灰装置放灰口，瓦斯泥与除尘灰的数量比例约为 2.4∶1。

冶金尘泥原料取样分两班取样（8∶00~20∶00，20∶00~8∶00），每小时各取一次，累计 24 个样为一个系统样。每个车间共取三个批次系统样，分别运往实验室，三批次冶金尘泥的样品编号见表 3-1。

表 3-1　各批次冶金尘泥编号

编　号	试　样	编　号	试　样
①（1 号 CHF）	第一批除尘灰	④（2 号 WSN）	第二批瓦斯泥
②（1 号 WSN）	第一批瓦斯泥	⑤（3 号 CHF）	第三批除尘灰
③（2 号 CHF）	第二批除尘灰	⑥（3 号 WSN）	第三批瓦斯泥

取样过程严格按照标准取样法采取，经晾晒干燥后，对样品进行混匀、缩分后再进行相关矿样特征考察，所取矿样具有代表性，可满足各种工艺矿物学的测定分析。水力旋流提锌、入浮给料的工艺矿物学特征、浮选工艺条件试验研究、磁选分选试验研究及后续的浸出等试验对象均是此类样品。

含锌冶金尘泥的物理化学性质是后续试验研究的基础，因此首先开展了冶金尘泥的化学成分、物相组成、粒度组成等性质研究，以确定合适的处理工艺和处理参数条件。

3.1 密度

在烘干前，除尘灰为较干燥的粉末，直接观察除尘灰的颗粒直径较大，瓦斯泥为湿润的泥浆，瓦斯泥烘干后呈团块，需进行破碎。

从烘干前后冶金尘泥颜色看，冶金尘泥基本呈黑灰色。烘干过程中可能由于温度过高，尘泥中碳发生燃烧氧化，烘干后的除尘灰呈红棕色，瓦斯泥呈灰色，说明除尘灰中的铁氧化物含量应比瓦斯泥高。

使用量筒法对各批次除尘灰及瓦斯泥的堆密度进行了测定，同时对其水分进行了测量，试验结果见表 3-2。由表 3-2 可知，烘干后的除尘灰的平均堆密度比瓦斯泥的大，除尘灰的总平均堆密度为 1.35g/cm³，瓦斯泥的总平均堆密度为 0.98g/cm³，除尘灰的平均堆密度比瓦斯泥的平均堆密度高 0.37g/cm³。

同时还可以看出，除尘灰的平均含水量要小于瓦斯泥，除尘灰的平均含水量为 19.05%，瓦斯泥的平均含水量为 49.00%，并且第二批的瓦斯泥的含水量均高于其他两批次。同时除尘灰不同批次的堆密度与含水情况的差别较小，应是正常波动。瓦斯泥的堆密度与含水情况差别较大，这主要是由于两种完全不同的除尘方式造成的。

表 3-2　密度测定结果

编　号	烘干前重/g	烘干后重/g	水分/%	量筒体积/cm³	质量/g	堆密度/g·cm⁻³
① (1 号 CHF)	378.21	306.35	19.00	250	335.27	1.34
② (1 号 WSN)	415.27	217.89	47.53	250	245.98	0.98
③ (2 号 CHF)	385.42	308.17	20.04	250	327.49	1.31
④ (2 号 WSN)	347.21	170.59	50.87	250	254.62	1.02
⑤ (3 号 CHF)	405.54	332.15	18.10	250	351.21	1.40
⑥ (3 号 WSN)	325.86	167.49	48.60	250	237.88	0.95

3.2　XRF 荧光分析

采用 XRF 荧光法对所取冶金尘泥进行全元素定性半定量的检测。XRF(X ray fluorescence) 是 X 射线荧光光谱分析的简称。仪器一般由激发源（X 射线管）和探测系统两部分构成。X 射线管能产生入射 X 射线（一次 X 射线）激发被测样品，受激发的样品中的每一种元素会放射出二次射线，并且不同的元素所放射出的二次射线具有特定的能量特性或波长特性。探测系统测量这些放射出来的二次射线的能量及数量，然后通过软件将探测系统所收集到的信息转换成样品中各种元素的种类及含量。

为确定冶金尘泥中主要元素组成，采用荧光分析仪对冶金尘泥样品进行了全元素的定性半定量分析，其设备参数见表 3-3，设备如图 3-1 所示。该设备配备了 Rh 靶 X 射线管，可以进行微区的分布成像分析功能，分析速度可达到 300°/min。

采用标准氧化物分析方法，测得三批次除尘灰及瓦斯泥中主要元素氧化物的质量分数列于表 3-4。XRF 结果表明，冶金尘泥中主要是 Fe、Si、Al、Ca 等的氧化物，其中瓦斯泥中含有 10% 以上的锌氧化物。将各批次除尘灰及瓦斯泥的 XRF 荧光分析结果中的 Fe、Si、Al、Ca、S、Zn 等的折算含量对比见图 3-2 和图 3-3。

表 3-3   X 射线荧光光谱分析仪设备参数

型　号			岛津 XRF-1800	
测定原理	X 射线衍射		X 射线管	4kW 薄窗、Rh 靶
激发源	常规 X 射线光管		小束斑功能	分析直径 500μm
分析元素	$^8O \sim {}^{92}U$	成像功能	表示直径 250μm	

图 3-1　XRF-1800 荧光光谱分析仪

表 3-4   试验物料 XRF 分析结果 　　　　　　　　　（%）

成分	①（1 号 CHF）	②（1 号 WSN）	③（2 号 CHF）	④（2 号 WSN）	⑤（3 号 CHF）	⑥（3 号 WSN）
Fe_2O_3	36.47	19.48	34.18	21.47	35.42	28.74
ZnO	7.56	14.51	6.87	12.78	7.02	12.34
MgO	9.08	10.99	10.35	10.12	9.45	8.41
SiO_2	20.19	26.08	18.56	23.46	20.08	22.22
CaO	6.5	7.12	9.05	9.23	7.35	8.75
Al_2O_3	9.04	9.57	9.43	10.45	9.41	8.51
TiO_2	0.61	0.98	0.53	0.86	0.54	0.57
P_2O_5	0.18	0.21	0.27	0.15	0.36	0.12
K_2O	0.51	0.94	0.36	0.77	0.56	0.63
SO_3	8.08	7.45	6.91	8.23	7.14	6.41
MnO	0.18	0.22	0.62	0.37	0.21	0.58
PbO	0.07	0.05	0.05	0.12	0.07	0.06
Cr_2O_3	0.04	0.04	0.07	0.05	0.04	0.05
SnO_2	0.02	0.04	0.04	0.03	0.02	0.04
Cl	0.95	1.93	1.86	0.87	1.34	1.92
Rb_2O	0.05	0.03	0.06	0.05	0.06	0.06
其他	0.47	0.36	0.79	0.99	0.93	0.59
合计	100.00	100.00	100.00	100.00	100.00	100.00

从表 3-4 中可以看出，除尘灰的平均 Fe 含量为 24.75%，高于瓦斯泥（16.26%）。除尘灰的 Fe 含量范围为 23.93%～25.93%，同时第一批次的除尘灰的 Fe 含量较第二批次高出 1.60%。瓦斯泥的 Fe 含量范围为 13.64%～20.12%，第三批次的瓦斯泥的 Fe 含量较第一批次高出 6.48%。

从表 3-4 可以看出，瓦斯泥的平均 Zn 含量为 10.70%，高于除尘灰（5.79%）。除尘灰的 Zn 含量范围为 5.56%～6.12%，同时第一批次的除尘灰的 Zn 含量较第二批次高出 0.56%。瓦斯泥的 Zn 含量范围为 10.00%～11.75%，第一批次的瓦斯泥的 Zn 含量较第三批次高出 1.76%。同时也可以看出，无论是除尘灰还是瓦斯泥中锌含量都比较高，因此不能大量直接配入烧结料。

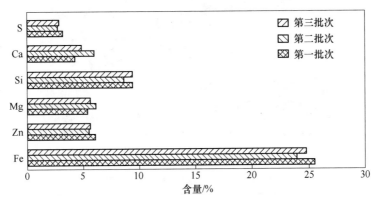

图 3-2　除尘灰不同批次各元素含量对比

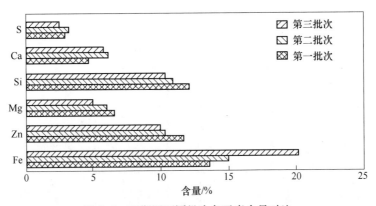

图 3-3　瓦斯泥不同批次各元素含量对比

除了 Zn、Fe 之外，其余主要元素为 Si、Al、Ca、Mg、S 等，两种除尘方式所得的冶金尘泥中这些元素含量差别不大。该冶金尘泥中含氯离子 1.48%，氯离子是水中最常见的阴离子，是引起水质腐蚀性的催化剂。它很容易被金属表面的氧化膜吸附，这时膜中的氧离子被氯根所替代，因而形成可溶性的氯化物，使氧化膜遭到破坏，加快金属表面的腐蚀速度，在后续处理中应予以重视。

瓦斯泥与除尘灰中 Si、Al、Ca、Mg、S 元素含量较低，且开发难度很大，利用价值低，而其中的 Zn、Fe 元素具有极高的利用价值。

3.3 化学成分分析

由上述各批次的除尘灰和瓦斯泥的各成分分析可知，三批次的除尘灰与瓦斯泥中各元素的含量均相差不大，因此将两部分按 1∶2.4 混合后进行后续的分析测试及试验研究。

将具有代表性的冶金尘泥样品送至唐山市精益测试中心进行化学分析。根据查阅相关的资料，一般冶金尘泥中均含有不同程度的碳，但是 XRF 检测不出，因此在华北理工大学选矿实验室对其碳含量进行了测定，冶金尘泥的化学成分分析结果见表 3-5。

表 3-5 冶金尘泥化学成分分析 （%）

化学成分	TFe	Zn	MgO	SiO$_2$	CaO	Al$_2$O$_3$	P$_2$O$_5$	C
含量	19.45	8.41	6.42	18.45	6.74	8.21	0.17	20.33

从表 3-5 中可以看出，该冶金尘泥中全铁含量为 19.45%（XRF 折算 20.51%），锌的含量为 8.41%（XRF 折算为 8.17%），固定碳含量为 20.33%。同时，其他元素的化学成分分析与 XRF 分析折算结果均有一定程度的差别，后续计算以化学成分分析结果为准。

3.4 XRD 分析

为了分析所取冶金尘泥中 Fe、C、Zn 等元素的存在形式，采用 XRD 法对其进行物相分析。XRD（X 射线衍射）是重要的无损分析工具，通过对置于分光器（测角仪）中心的样品上照射射线，射线在样品上产生衍射，改变射线对样品的入射角度和衍射角度的同时，检测并记录射线的强度，可以得到射线衍射谱图。

使用华北理工大学分析测试中心的 X 射线衍射仪对冶金尘泥进行了 XRD 分析，其设备参数见表 3-6。配合 Search-Match 分析软件对得到的 X 射线衍射图谱分峰值进行分析，对比元素的标准图谱得到冶金尘泥中各种元素的存在形式，结果如图 3-4 所示。

由图 3-4 可知，该含锌尘泥原料成分复杂，含锌矿物主要为红锌矿（ZnO）、闪锌矿（ZnS）、铁酸锌（ZnFe$_2$O$_4$）、锌矾（ZnSO$_4$），含铁矿物主要是赤铁矿、磁铁矿，同时还含有碳以及少量的镍纹石、沸石、方解石、石英等硅酸盐矿物，同时还有一定量的碳。

表 3-6   X 射线衍射仪设备参数

型　号	M-21X
测定原理	X 射线衍射法
高频发生器最大功率	21kW
光管类型	陶瓷 X 光管，Cu 靶，其他靶材可选，更换无需校准
额定管电压	20~60kV
最大额定电流	500mA
测角仪半径	185mm
2θ 测角范围	0°~120°，右侧测量室温样品，左侧用于高温附件

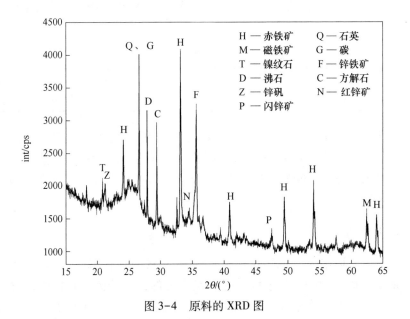

图 3-4   原料的 XRD 图

3.5   锌物相分析

对含锌冶金尘泥原料进行了锌的物相分析，其结果见表 3-7。

表 3-7   锌物相分析　　　　　　　　　　（%）

成　分	红锌矿	锌铁矿	闪锌矿	硫酸锌	其他锌	Zn
含量	7.59	0.44	0.31	0.04	0.03	8.41
占有率	90.25	5.23	3.69	0.48	0.36	100.00

通过对冶金尘泥原料进行锌物相分析表明，该样品氧化程度很深，主要锌矿

物为红锌矿，该部分占到了整个锌含量的 90.25%；其次为锌铁矿，占 5.23%，闪锌矿的含量占 3.69%，这种矿物采用选矿手段进行选别富集是比较困难的，一般需要加压浸出或者氧压浸出；硫酸锌占 0.48%，比例比较低，其他锌占 0.36%，因此在后续浸出工艺中主要是对其中的红锌矿进行浸出。

3.6 粒度组成分析

为了确定用冶金粒度分布情况，对烘干后的冶金尘泥进行粒度分析。沉降天平可用于测量颗粒的粒度组成，主要是利用电子天平可自动记录被称物质质量的基本功能，自动记录并在计算机屏幕上显示沉降在秤盘上物质质量的实时变化。

具体是将秤盘置入一个较大的有刻度的开口玻璃杯中，玻璃杯内盛有一定浓度的悬浮液。该悬浮液中的固体微颗粒会随着时间的推移逐渐沉降在天平的秤盘上，大颗粒先沉降，小颗粒后沉降，这样就会得到一条原始的沉降曲线。根据斯托克斯定理，粉尘颗粒在沉降过程中，会发生颗粒分级，静止的沉降液的黏滞性对沉降颗粒起着摩擦阻力作用，按公式计算：

$$r = \sqrt{9\eta/\left[2g(\gamma_k - \gamma_t)\right]} \sqrt{(H/t)} \tag{3-1}$$

式中　r——颗粒半径，cm；

　　η——沉降液黏度，p，即 $g/(cm \cdot s)$；

　　γ_k——颗粒密度，g/cm^3；

　　γ_t——沉降液密度，g/cm^3；

　　H——沉降高度（沉降液面到秤盘底面的距离），cm；

　　t——沉降时间，s；

　　g——重力加速度，$980cm/s^2$。

当测出颗粒沉降至一定高度 H 所需之时间 t 后，就能算出沉降速度 v、颗粒半径 r。所谓沉降分析法就应用此理论来求得颗粒的分布情况。

利用沉降天平的原理测试固体颗粒的大小和分布的仪器，通常也称为沉降式粒度仪。沉降式粒度仪有两种：自然沉降法和离心沉降法。利用沉降天平原理的是自然沉降法，测试的颗粒一般在 $1\mu m$ 以上，太小的颗粒无法沉降或沉降的时间太长；采用离心的方法可测的固体颗粒就小得多。仪器由高精度电子天平和计算机及颗粒度数据处理软件组成，能完成沉降曲线采集、存储、调用；颗粒大小、中位径、平均粒径、比表面积测定；平均误差计算；颗粒分布分析；计算结果、图表（直方图、频谱分布图、累计分布图、数据列表）打印等。图 3-5 所示为 TZC-4 沉降天平。

采用 TZC-4 沉降天平，将原始数据输入电脑自带的软件后，可以得到冶金尘泥的粒度组成分析，见表 3-8。

图 3-5　TZC-4 沉降天平

表 3-8　冶金尘泥粒度组成分析

粒级/mm	产率/%	铁		碳		锌	
		品位/%	分布率/%	品位/%	分布率/%	品位/%	分布率/%
+0.18	8.36	23.45	10.12	26.42	10.87	2.21	2.21
−0.18　+0.125	9.13	24.10	11.36	26.74	12.01	3.27	3.57
−0.125　+0.074	10.15	24.41	12.79	26.78	13.38	5.21	6.32
−0.074　+0.053	16.02	24.34	20.13	26.42	20.83	5.23	10.01
−0.053　+0.043	14.88	21.07	16.18	24.17	17.70	6.45	11.47
−0.043　+0.018	14.23	16.12	11.84	17.23	12.07	8.21	13.96
−0.018	27.23	12.51	17.58	9.81	13.15	16.13	52.47
合　计	100.00	19.37	100.00	20.32	100.00	8.37	100.00

　　从表 3-8 中可以看出，该冶金尘泥粒度较细，同时还可以看出锌主要分布在 −0.018mm 粒级，此部分锌产率为 27.73%、品位为 16.13%，因此在后续试验中应优先考虑采用水力分级技术将此部分锌预先分离富集。同时也可以看出，碳、铁主要分布在粗粒级中，并且各个粒级中铁、碳含量相对比较均匀。

　　图 3-6 为不同粒级各元素的含量。从图中可以看出，锌主要集中在细粒级，粗粒级中的锌含量较低；同时也可看出，铁、碳主要集中在粗粒级。

3.7　扫描电镜分析

　　使用扫描电镜对冶金尘泥的微观特征进行观察。使用的设备型号为 JSM-6480LV 型扫描电镜，技术参数见表 3-9。配备的使用的能量色散谱仪（EDS）分辨率为 133eV（MnKα，1000~3000cps），可检测从原子序数 5（B 元素）到 92（U 元素）的全部元素。

　　扫描电镜的工作原理：高能电子束轰击固体样品表面时，可以产生被激发物

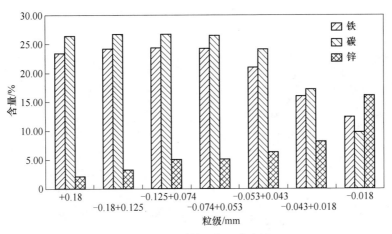

图 3-6　不同粒级各元素含量

的二次电子和背散射电子。应用二次电子和背散射电子所表达的信息，可以对被测物质的微观特征进行测定。

表 3-9　扫描电镜主要技术参数

型　号	JSM-6480LV
二次电子像的分辨率	3.0nm（30kV）、4.0nm（30kV）
低真空度	1~270Pa
放大倍数	5~300000 倍
加速电压	0.5~30kV
束流	1pA~1μA
图像模式	二次电子图像、背散射图像
样品尺寸	直径不大于 200mm；高度不大于 80mm

　　二次电子是指高能电子束轰击在样品表层原子的电子壳上，将电子层中的电子激发出样品表面，这部分逸出样品表面的电子称为二次电子。由于样品表面的凹凸不平，分光屏上的电子束对样品进行同步扫描时，各点所激发的二次电子的数目不同，这样就构成了图像衬度，反映出样品表面的形貌。扫描电镜利用二次电子显示出的样品图像称为二次电子图像（SEM）。

　　背散射电子是指入射到样品表面的高能电子与样品接触时，有一部分电子几乎不损失能量地在样品表面被散射出去，这部分电子称为背散射电子。由于低原子序数的元素反射率低、高原子序数的元素反射率高，背散射电子可构成元素组成的形貌图像。扫描电镜利用背散射电子显示出的样品图像称为背散射图像（QBSD）。

　　使用导电双面胶将烘干后的冶金尘泥在金属面板上，对粘好的冶金尘泥表面进行喷碳处理，在不同放大倍数对处理好的试样形貌进行观测，形貌特征如图3-7所示。

图 3-7 不同放大倍数下冶金尘泥形貌图

从图 3-7 中可以看出，该冶金尘泥颗粒粒度较小，且不是规则的球状，而是成不规则的团状，大部分冶金尘泥颗粒当量直径为 $10\sim50\mu m$，个别颗粒为 $100\mu m$ 左右，少数粉尘团簇由小颗粒粉尘相互黏结团聚而成，且有许多微细颗粒附着于较大的矿粒之上，说明该矿石容易泥化，其当量直径大于 $50\mu m$，这在前述的粒度分析结果中有所体现。观察原料的 SEM 图像可知，该冶金尘泥原料的粒度分布不均匀，矿粒表面光滑、致密且较为平整，无明显孔隙存在。

对两份有代表性的冶金尘泥原料分别放大 100 倍及 200 倍进行 EDS 面扫，结果如图 3-8 和图 3-9 所示。

对冶金尘泥中各元素的分布情况进行面扫描（图 3-8），原料能谱分析结果表明，尘泥中元素分布总体均匀，主要含有 Fe、Zn、C、Si、O、Si、S 等元素，但元素不同区域含量差别较大。同时可知尘泥中 Fe、O 元素均匀分布，Si 元素主要分布在粒径较大的颗粒中，Zn 元素则分布在粒径较小的尘泥颗粒中。

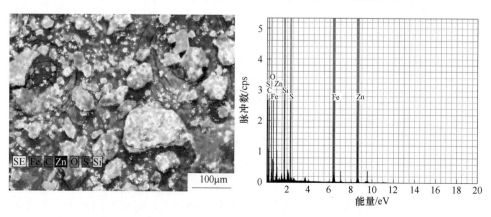

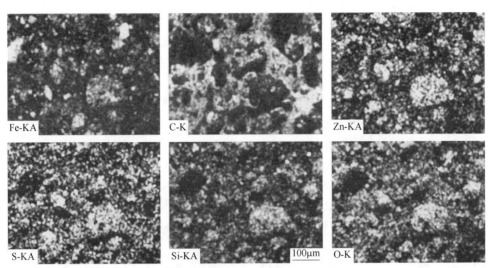

图 3-8 冶金尘泥面扫图（×100）

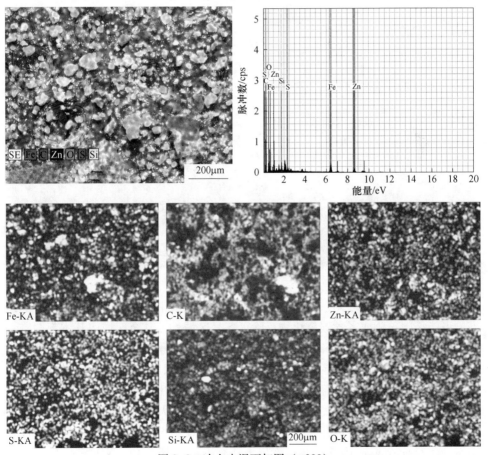

图 3-9 冶金尘泥面扫图（×200）

从图 3-9 中可以看出，该冶金尘泥原料中主要含有 Fe、C、Zn、Si、O、S 等元素，其中 Fe、C、Zn 元素含量较高，同时也可以看出 C、Si、Fe 元素主要分布在粒径较大的尘泥颗粒中，而 Zn、S 元素主要分布在粒径较小的尘泥颗粒中，O 元素在尘泥中的分布不均匀。

从图 3-8 和图 3-9 中都可以看出，该冶金尘泥中主要含有 Fe、C、Zn、Si、O、S 等元素，这与前面的化学成分分析相一致。

对冶金尘泥一些区域进行能谱分析，能谱分析选择区如图 3-10 所示，各选择区 EDS 分析如图 3-11 所示，成分质量分数列于表 3-10。

图 3-10　能谱分析选择区

由表 3-10 分析可知，5 号区域黑色点的碳含量极高，结合 XRD 分析的结果，可能是碳单质或者含碳氧化物；除了 5 号区域外，其余区域内基本都含有一定量的 O、Zn、Fe、Al、Si 等元素，1 号、3 号、4 号区域 Fe、O 元素含量高，分析其可能代表赤铁矿或者磁铁矿存在，2 号、4 号区域中除了 Zn 元素外，还有 S 元素，分析其可能代表硫化锌存在；同时还可以看出各个区域基本上都有 Zn、O 元素存在，分析其可能代表氧化锌，还可以看到在大部分区域中都有 Si 元素存在，分析其可能代表石英存在；在 4 号区域有 Ca、O、C 存在，分析其可能代表碳酸钙。同时从表 3-10 中还可以看出，还有少量的 Mg、Cl、N 元素存在。

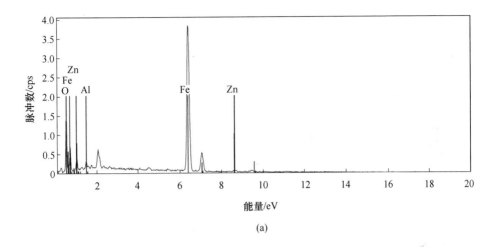

(a)

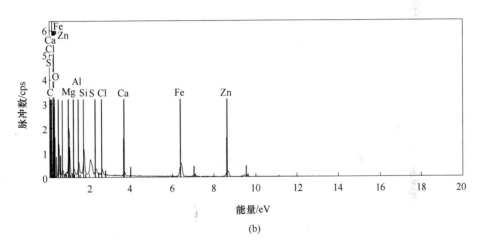

(b)

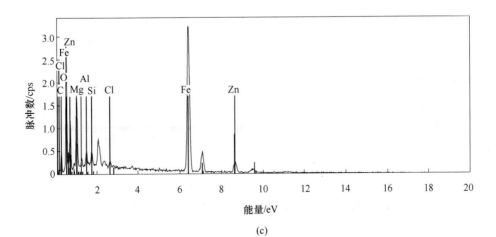

(c)

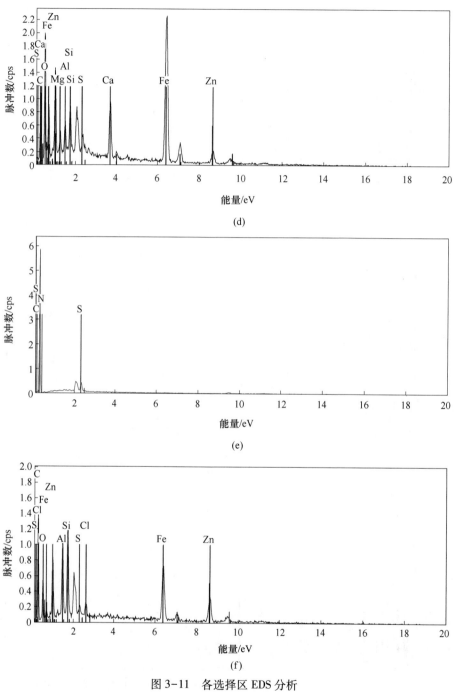

图 3-11 各选择区 EDS 分析

(a) 1 号；(b) 2 号；(c) 3 号；(d) 4 号；(e) 5 号；(f) 6 号

表 3-10　各选区能谱分析结果

成分	O-K	Zn	Al-K	Si-K	S-K	Ca-K	Fe-K	C-K	Mg-K	Cl-K	N-K
1 号	10.32	2.56	1.03	2.34			50.51				
2 号	21.45	5.87	1.20	1.80	0.62	0.66	6.69	55.13	0.73		
3 号	21.56	7.71	1.50	1.01			39.56	8.29	1.12	0.42	
4 号	20.02	6.66	1.80	2.06	0.78	4.09	28.37	10.15	1.69		
5 号					2.19			95.12			2.69
6 号	10.11	11.02	3.95	3.75	0.46		9.89	31.08		0.75	

3.8　工艺矿物学分析

　　工艺矿物学作为一门研究矿物组成、粒度组成、元素赋存状态的学科，是选矿工艺设计的第一个重要步骤，工艺矿物学指标很大程度决定了选矿流程的设计指导思想。当需要尽量优化选矿流程、提高选矿指标时，工艺矿物学显得尤为重要。

　　冶金尘泥总体呈灰黑色、浅灰色，多为粉状构造，少部分能看到块状构造及条带状结构。肉眼可见石英、角闪石颗粒，但不见金属矿物颗粒。通过偏光显微镜对冶金尘泥原料进行矿物鉴定，研究原料在镜下的矿物组成、粒度组成及元素赋存状态，所得矿物鉴定如图 3-12 所示。

　　经镜下鉴定、荧光谱分析和物相分析综合研究表明：矿片中大部分颗粒为自形、半自形等不规则粒状，且粒度不均匀，粒度少数粗者可至 50~80μm，一般小于 40μm。

　　矿片中含铁矿物主要为赤铁矿、磁铁矿及少量单质铁（图 3-12(a)、(b)）；磁铁矿主要以浸染状充填在脉石颗粒之间，部分为中等到稀疏浸染状，部分磁铁矿呈星散状出现（图 3-12(c)）；赤铁矿在反光镜下为白色，多赤铁矿单晶，在某些硅酸盐胶结相中分布着少量赤铁矿，还有薄层磁铁矿覆盖在部分赤铁矿表面（图 3-12(c)）；矿片中可回收的锌矿物主要为红锌矿、闪锌矿；红锌矿在镜下主要呈橙黄色，粒度不均匀地嵌布在赤铁矿中，有的与硅酸盐矿物连生（图 3-12(d)）；闪锌矿主要呈浅黄、棕褐或黑色，粒径大小不一，且多呈他形，并存在极少量具有异常干涉色的闪锌矿（图 3-12(e)、(f)）；同时还可以看出，含铁矿物的粒径比较大，红锌矿粒度较小。

　　矿片中存在含量较多且粒径较大的碳酸盐矿物，主要为黄长石、高岭石、黑云母、碳酸盐及燧石（石英变种）等（图 3-12(g)、(h)、(i)、(l)）。石英多呈粒状，颗粒间隙中分布云母等脉石矿物和铁质矿物，颗粒粒度一般为 0.05~0.2mm（图 3-12(j)）；云母主要为黑云母，片状，多与石英及铁矿物不规则毗

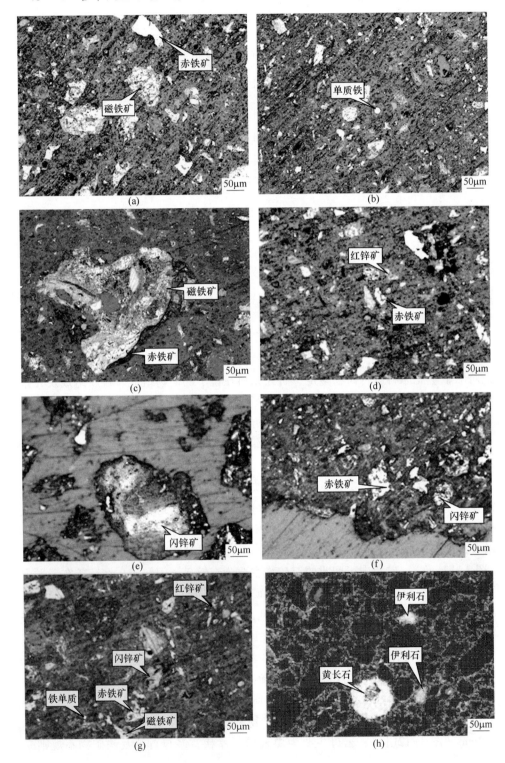

(a)

(b)

(c)

(d)

(e)

(f)

(g)

(h)

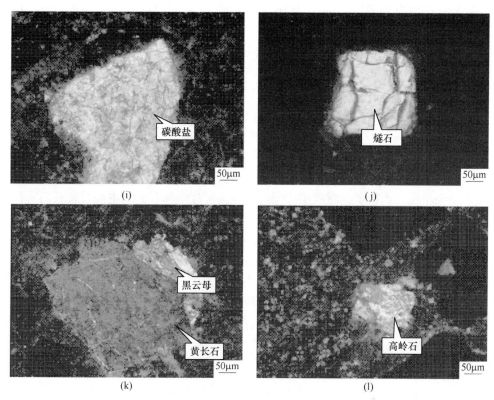

图 3-12　工艺矿物学分析图

（a）～（h），（j）反射光（-）；（i），（k），（l）透射光（+）

连长石在显微镜下，可见聚片双晶，多与磁铁矿和石英颗粒不规则连生，含量较少，颗粒粒度一般为 0.02～0.07mm（图 3-12（k））。

总体而言，冶金尘泥原料中矿物的嵌布特点是，粒度不均匀的红锌矿嵌布在赤铁矿中，有的与硅酸盐矿物连生，闪锌矿多呈他形，并存在极少量具有异常干涉色的闪锌矿；大多数稀疏浸染状磁铁矿金属矿物充填在各种脉石不均匀紧密交生构成的基底颗粒之间，少数薄层磁铁矿覆盖在赤铁矿表面。

3.9　本章小结

原料烘干混匀缩分后对所取的冶金尘泥进行基础特性研究，得出以下几点结论：

（1）烘干后的除尘灰的平均堆密度比瓦斯泥的大，除尘灰的总平均堆密度为 1.35g/cm³，瓦斯泥的总平均堆密度为 0.98g/cm³，除尘灰的平均密度比瓦斯泥的平均密度高 0.37g/cm³。

（2）该冶金尘泥粒度较细，同时还可以看出锌主要分布在-0.018mm 粒级，此部分锌产率为 27.73%，品位为 16.13%；铁、碳的分布不均匀，主要集中在粗粒级。

（3）通过对冶金尘泥原料进行物相分析，结果表明，该样品氧化程度很深，主要锌矿物为红锌矿，其次为锌铁矿，硫化锌闪锌矿的含量很少，这种矿物采用选矿手段进行选别富集是比较困难的。试验所用原料的 XRD 分析可知，该冶金尘泥组成较复杂，其中含锌矿物主要为红锌矿（ZnO）、闪锌矿（ZnS）、锌铁矿（Fe_2ZnO_4）、锌矾（$ZnSO_4$），含铁矿物主要是赤铁矿、磁铁矿，同时还含有碳以及少量的镍纹石、沸石、方解石（碳酸钙）、石英等硅酸盐矿物。

（4）通过偏光显微镜对冶金尘泥原料进行矿物鉴定，发现矿片中金属矿物主要是铁单质、赤铁矿、磁铁矿、闪锌矿等，矿片中脉石矿物主要有黄长石、伊利石、燧石、高岭石、黑云母、碳酸盐等。

（5）扫描电镜结果说明：原料中含锌矿物应该以氧化锌矿物及硫化锌矿物为主，且有可能含有锌铁矿。此外，赤铁矿、磁铁矿以及碳也有极大可能存在。该冶金尘泥原料的粒度分布不均匀，且有许多微细颗粒附着于较大的矿粒之上，说明该矿石容易泥化。矿粒表面光滑、致密且较为平整，无明显孔隙存在。

4 微细含锌冶金尘泥分散行为研究

根据原料粒度组成试验可以看出，铁、碳、锌在各粒级的分布不均匀，尤其是锌主要集中在细粒级中，因此考虑可采用分级技术将这部分锌先分离出来。但是发现在冶金尘泥原料中，瓦斯泥是经湿式除尘后过滤脱水得到的产物，在过滤过程中需加入大量的聚丙烯酰胺作为絮凝剂，由于静电力、药剂絮凝作用和颗粒相互凝聚等原因，致使待分选的冶金尘泥中颗粒絮团现象严重，颗粒沉降速度过快，如果不进行良好的打开分散，将直接影响后续的分级提锌及分选作业。现有技术多采用磨矿的方式进行处理，而这种技术虽然在一定程度上解决了微细颗粒相互絮结的问题，但由于磨矿产生的高能耗致使处理此类原料成本增加，同时磨矿造成的颗粒过磨，恶化了后续的分选效果，因此大多数钢铁企业对此类尘泥直接排弃或少量回用，造成了资源的极大浪费。

对冶金尘泥的絮团打开主要采用三种：第一种是化学药剂分散，第二种是物理分散，第三种是复合分散的方法。只有经过有效处理后处于良好的分散状态，才能有效解决其后续的提锌技术以及铁、碳有效分选的技术难题。因此本章以冶金尘泥原料作为研究对象，研究影响分散效果的几种主要因素，并筛选出合适的分散药剂，以寻求较优的分散条件，为进一步水力旋流分级打好基础。

4.1 化学分散行为研究

化学分散是通过向微细粒悬浮体系中加入化学药剂，使其颗粒表面吸附化学药剂后改变颗粒的表面性质，从而改变颗粒与介质间的相互作用，使得悬浮体系分散。

化学分散通过其作用原理，可分为以下五种：

（1）静电分散。它是通过分散剂在颗粒表面的吸附，增大颗粒表面的表面电位的绝对值以提高颗粒间的相互双电层排斥作用力，从而提升颗粒间的势能壁垒，达到分散的效果。

（2）空间位阻分散。这种方法是通过添加高聚物分散剂后，颗粒表面因为对其的吸附而产生空间位阻效应。这种效应在颗粒间产生强烈的排斥作用，进而增高颗粒间的势能壁垒，达到分散的效果。

（3）水化力分散。这种分散作用是通过分散剂在颗粒表面吸附后，增强颗粒表面的亲水性，从而在颗粒表面形成较厚的水化膜。两个带有较厚水化膜的颗粒互相接近时，会产生强烈的水化力排斥作用，从而增高颗粒间的势能壁垒，达到分散的作用。

（4）静电空间位阻分散。这是静电分散与空间位阻分散的结合。通过高聚物分散剂在颗粒表面的吸附，同时产生强烈的空间位阻排斥力和双电层排斥力达到分散效果。

（5）降低范德华力分散。这种分散作用是通过改变介质的性质使得颗粒在介质中的哈马克（Hamaker）常数值减小，从而使得颗粒间的范德华吸引力减弱，导致颗粒间的势能壁垒上升，达到分散的效果。

根据分散药剂本身的性质，可分为无机分散剂、有机分散剂和高聚物分散剂三大种类。有机分散剂主要用于有机溶液作为分散介质的分散体系中。通过查阅相关资料，无机分散剂指所有对胶体或是微细粒悬浮体系能产生有效静电分散或水化力分散的无机药剂，其中最常用的包括水玻璃、磷酸盐类（六偏磷酸钠、焦磷酸钠等）、氟硅酸钠、无机碱（调节分散介质 pH 值）等，因此后续试验选取了比较常见的水玻璃、焦磷酸钠以及六偏磷酸钠进行了冶金尘泥的分散试验。

分散试验通过使用 TZC-4 颗粒仪进行沉降率试验。称取 3g 冶金尘泥置于玻璃杯中，分别加入不同用量的分散药剂并加蒸馏水至 100mm 处，使用搅拌器在一定转速下搅拌 5min。将搅拌后的溶液迅速移至颗粒仪上进行测定，可获得该条件下的沉降曲线，由沉降曲线可知某一时间的沉降率。沉降率越小，分散效果越好，絮团效果越差。

沉降率 E_s 可采用式（4-1）计算。

$$E_s = \frac{W}{W_0} \times 100\% \qquad (4-1)$$

式中，W_0 为加入的冶金尘泥颗粒的质量，取值为 3.00g；W 为沉降下来的矿浆过滤烘干称重，g。因此沉降率越小，说明细粒冶金尘泥分散效果越好；反之，则聚团程度越高。

4.1.1 水玻璃条件试验

水玻璃以 Na_2SiO_3 为主要成分，是一种无机胶体，是浮选非硫化矿或某些硫化矿常用的调整剂，它对石英、硅酸盐等脉石矿物有良好的抑制作用，当用脂肪酸作为捕收剂，浮选萤石和方解石、白钨矿时，常用水玻璃作为选择性抑制剂。水玻璃的用量较大时，对硫化矿也有抑制作用，水玻璃对矿泥也有良好的分散作用。

水玻璃对冶金尘泥的分散效果如图 4-1 所示。从图 4-1 中可以看出，随着水玻璃用量的逐渐加大，沉降率逐渐降低，分散效果逐渐增强，但用量超过 5mg/L 时沉降率变化幅度就很小了，说明此时体系的分散程度基本稳定。由图 4-1 可以看出，当水玻璃的用量在 5mg/L 左右，沉降率从 79.47% 降到 47.71%，说明水玻璃对微细冶金尘泥起到一定的分散作用，但分散作用不是很强。

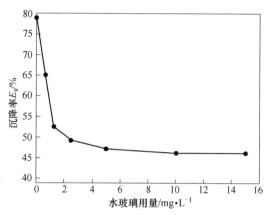

图 4-1　水玻璃用量对冶金尘泥分散行为的影响

4.1.2　焦磷酸钠条件试验

焦磷酸钠是用磷酸氢二钠水溶液经干燥制得无水磷酸氢二钠，再高温脱水聚合而得，能与金属离子发生络合反应，其 1% 的水溶液的 pH 值为 10.0~10.2。它具有普通聚合磷酸盐的通性，即有乳化性、分散性、防止脂肪氧化等。

焦磷酸钠用量对冶金尘泥的分散效果如图 4-2 所示。

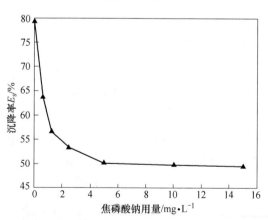

图 4-2　焦磷酸钠用量对冶金尘泥的影响

从图 4-2 中可以看出，随着焦磷酸钠用量的逐渐增加，冶金尘泥的沉降率呈逐渐降低的趋势，但用量超过一定程度后沉降率基本不再变化，焦磷酸钠用量对冶金尘泥沉降率的曲线与水玻璃曲线表现为相似的变化趋势，在每条曲线转折点处，分散剂用量继续加大，沉降率基本不变，说明此时微细矿粒已被充分分散。

从图 4-2 中可以看出，当焦磷酸钠的用量约为 10mg/L 时，冶金尘泥的沉降率从 79.45% 降到 50.12%；同时也可说明，在相同药剂用量的条件下，焦磷酸钠对冶金尘泥的分散效率比水玻璃略差。

4.1.3　六偏磷酸钠条件试验

六偏磷酸钠 $(NaPO_3)_6$ 不是一种简单的化合物，而是一种多磷酸盐。在水溶液中各基本结构单元相互聚合连成螺旋状的链状聚合体，可表示为 $(NaPO_3)_n$，$(n=20\sim100)$。六偏磷酸钠在水溶液中可电离成阴离子，有很强的作用活性，其中比较突出的是能与溶液中的 Ca^{2+} 或矿物表面晶格中的 Ca^{2+} 反应生成稳定的络合物。

六偏磷酸钠经常作为硅酸盐矿物浮选的调整剂，主要用于抑制石英和硅酸盐矿物，以及方解石、石灰石等碳酸盐矿物，也可以在选择性絮凝浮选时用作分散剂。

六偏磷酸钠用量对冶金尘泥的沉降率影响如图 4-3 所示。

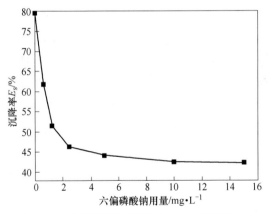

图 4-3　六偏磷酸钠用量对冶金尘泥的影响

从图 4-3 中可以看出，随着六偏磷酸钠药剂用量的逐渐加大，沉降率逐渐降低，分散效果逐渐增强，但用量超过一定程度后沉降率基本不再变化，当其超过某临界值后，微细矿粒已被充分分散，分散体系的分散程度达到稳定，当六偏磷酸钠用量在 5mg/L 左右，即可充分分散微细矿粒，且沉降率从 79.45% 降为 44.17%，可见六偏磷酸钠对冶金尘泥的分散效果比前两种化学分散剂要好。

$(NaPO_3)_6$ 易溶于水并发生如下反应：

水解反应：　　　　　　　　　$(NaPO_3)_6 + 6H_2O \Longleftrightarrow 6NaOH + 6HPO_3$

偏磷酸水解成正磷酸：　　　　$HPO_3 + H_2O \Longleftrightarrow H_3PO_4$

正磷酸分布解离：

$$PO_4^{3-}+H^+ \Longrightarrow HPO_4^{2-} \qquad K_1^H = \frac{[HPO_4^{2-}]}{[PO_4^{3-}][H^+]} = 10^{12.35} \qquad (4-2)$$

$$HPO_4^{2-}+H^+ \Longrightarrow H_2PO_4^- \qquad K_2^H = \frac{[H_2PO_4^-]}{[HPO_4^{2-}][H^+]} = 10^{7.2} \qquad (4-3)$$

$$H_2PO_4^-+H^+ \Longrightarrow H_3PO_4 \qquad K_3^H = \frac{[H_3PO_4]}{[H_2PO_4^-][H^+]} = 10^{2.15} \qquad (4-4)$$

$$C_T = [H_3PO_4] + [H_2PO_4^-] + [HPO_4^{2-}] + [PO_4^{3-}] \qquad (4-5)$$

$$\varphi_0 = \frac{[PO_4^{3-}]}{[C_T]} = \frac{1}{1+K_1^H[H^+]+K_1^H K_2^H[H^+]^2+K_1^H K_2^H K_3^H[H^+]^3}$$
$$= \frac{1}{1+10^{12.35}[H^+]+10^{19.55}[H^+]^2+10^{21.7}[H^+]^3} \qquad (4-6)$$

$$\phi_1 = \frac{[HPO_4^{2-}]}{[C_T]} = K_1^H \varphi_0[H^+] = 10^{12.35}\varphi_0[H^+] \qquad (4-7)$$

$$\phi_2 = \frac{[H_2PO_4^-]}{[C_T]} = K_1^H K_2^H \varphi_0[H^+]^2 = 10^{19.55}\varphi_0[H^+]^2 \qquad (4-8)$$

$$\phi_3 = \frac{[H_3PO_4]}{[C_T]} = K_1^H K_2^H K_3^H \varphi_0[H^+]^3 = 10^{21.7}\varphi_0[H^+]^3 \qquad (4-9)$$

作者通过计算,由以上式(4-2)~式(4-9)平衡可以得出,$(NaPO_3)_6$ 各水解组分的分布系数 φ 与 pH 值的关系曲线,见图 4-4。

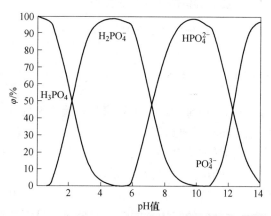

图 4-4　$(NaPO_3)_6$ 溶液中各水解组分的 φ -pH 图

由图 4-4 可见,pH<2.2 时,H_3PO_4 是优势组分;当 2.2<pH<7.2,$H_2PO_4^-$ 占优势组分;当 7.2<pH<12.4,HPO_4^{2-} 是优势组分;当 pH>12.4 时,PO_4^{3-} 占优势。本试验中 pH 值为中性条件,因此溶液中 $H_2PO_4^-$ 与 HPO_4^{2-} 是优势组分。

以六偏磷酸钠作为分散剂,使用硫酸溶液和氢氧化钠溶液调节 pH 值,测定不同 pH 值条件下冶金尘泥中主要矿物焦炭、赤铁矿及石英的 Zeta 电位，发现六偏磷酸钠使石英、赤铁矿和碳的 Zeta 电位降低为较大的负值，说明溶液中 $H_2PO_4^-$ 与 HPO_4^{2-} 能吸附在矿物颗粒表面，从而造成表面电位变化。同时负值增大，使颗粒间的排斥力增大，达到优化分散的效果。

4.2　物理分散行为研究

物理分散法主要包括振动分散、机械搅拌和超声波分散等。在处理微细粒矿物时，超声波分散的效果优于其他两种分散方法。

4.2.1　超声波分散试验

超声波分散是通过将超声频率和时间调到适合的范围内，产生一个超声场，将待分散的悬浮液置于此超声场中，使悬浮液达到充分分散的目的。在超声波分散中，主要是依据超声波的功率特性及其空化作用。功率特性—超声波频率大于 $2 \times 10^4 Hz$，相功率比一般声波大。空化作用即为当超声波在微细粒悬浮体中传播时，会带动微细颗粒发生剧烈振动，使得液体内部出现小气泡，这些气泡挤入到团聚产品中，然后逐渐增大直至破裂，由此产生的作用力能够扩大聚团颗粒的间隙，直至使团聚体破裂，以达到分散悬浮体系的目的。

取 3g 冶金尘泥与水混合，超声波处理不同时间，在 1000r/min 的转速下搅拌 5min 后，将搅拌后的溶液迅速移至颗粒仪上进行测定，计算其沉降率。超声波处理不同的时间对冶金尘泥沉降率的影响见表 4-1。

表 4-1　超声波分散试验结果

超声波处理时间/min	2	5	10	15	20	25
沉降率/%	64.15	53.38	45.21	42.49	40.92	40.28

从表 4-1 中可以看出，冶金尘泥的沉降率随着超声波处理时间的增加逐渐降低，超声波处理时间从 2min 增加到 25min 时，冶金尘泥的沉降率从 64.15% 降低至 40.28%。当超声波时间达到 20min 时，沉降率基本降低得不是很多，所以对冶金尘泥超声波分散处理的最佳时间为 20min。

从上述分析可以看出，超声波处理对冶金尘泥的分散效果较好，但是超声波预处理在工业上还没有大规模的应用，同时超声分散的最大缺点是耗能大、经济上不合算，因此后续进行了机械搅拌对冶金尘泥分散效果的试验研究。

4.2.2　机械搅拌分散试验

机械搅拌分散是指通过强烈的机械搅拌方式引起液流强湍流运动，而使超细粉体聚团碎解悬浮，这种分散方法几乎在所有的工业生产过程中都要用到。机械分散的必要条件是机械力（指流体的剪切力及压应力）应大于粒间的黏着力。超细粉体被部分润湿后，用机械的力量可使剩余的聚团碎解。润湿过程中的搅拌能增加聚团的碎解程度，从而也就加快了整个分散过程。事实上，强烈的机械搅拌是一种碎解聚团的简便、易行的方法，在实际工业生产中被广泛采用。鉴于上述原因，本节在物理分散中主要针对机械搅拌进行试验研究。

4.2.2.1 三轴黏性料浆打散装置研制

在实验室及工业应用的搅拌装置中大部分是桨式搅拌器，它最大的特点是桨叶短、对黏度比较敏感。由于冶金尘泥粒度较细、黏度较大，若桨叶短不能将矿浆有效分散，并且药剂不能与矿粒进行充分的接触。针对常规搅拌装置无法解决在实际分选过程中微细颗粒絮结严重的问题，设计了一种絮凝处理过的黏性浆料的打散装置。

以流体力学和矿浆动力学为基础，研制出一种三轴黏性料浆的打散装置（图4-5）。三轴黏性料浆的打散装置包括圆形筒体、主搅拌装置、从搅拌装置、导向叶片、稳压板、波形剪切板、进料口、排料口、圆孔筛板、高压水管、支撑架。

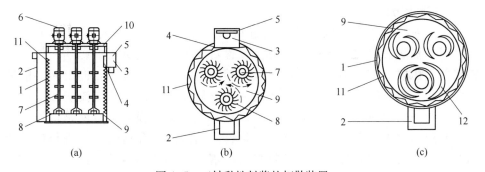

(a)   (b)   (c)

图4-5　三轴黏性料浆的打散装置

1—圆形筒体；2—进料口；3—排料口；4—圆孔筛板；5—高压水管；6—搅拌电机；
7—搅拌轴承；8—搅拌叶轮；9—稳压板；10—支撑架；11—波形剪切板；12—导流板

下面结合图4-5详细说明该装置：

圆形筒体（1）的直径为三个搅拌轴承的中心线形成的等边三角形边长的1.9倍，在圆形筒体（1）内壁上布有波形剪切板（11），圆形筒体（1）底部设有稳压板（9），稳压板（9）上设有导流板（12）和三个传压孔，传压孔的大小与最下端的搅拌叶轮（8）大小相当，料浆从进料口（2）由压差自动吸入圆形筒体内，由稳压板（9）与圆形筒体（1）内壁之间的空隙甩出。料浆在相向旋转的主搅拌装置与从搅拌装置之间相互碰撞，以及碰撞至圆形筒体（1）内的波形剪切割板（11）上，黏性絮团颗粒在碰撞力和切割力的作用下打开，随着黏性物料的逐渐上升，颗粒粒度逐渐变小，当料浆升至排料口（3）处后，合格的料浆将通过圆孔筛板（4）从排料口排出，而粒度大于圆孔筛板（4）筛孔的颗粒则返回圆形筒体（1），再重新进行碰撞切割实现分散，黏性料浆中的难筛粒经过一段时间会堵塞圆孔筛板（4），开启高压水管（5）进行吹散和清洗筛板。

三个搅拌装置位于圆形筒体（1）的内部，并且三个搅拌轴承（7）的中心线形成等边三角形，等边三角形的中心与圆形筒体的中心相重合，距离进料口（2）近的搅拌装置为主搅拌装置，其搅拌强度为两个从搅拌装置搅拌强度的 1.5 倍。每一个搅拌装置的搅拌轴承（7）上安装四组搅拌叶轮（8），主搅拌装置的搅拌方向与两个从搅拌装置的搅拌不同，即主搅拌装置的旋转方向与两个从搅拌装置的旋转方向相向。

主搅拌装置和从搅拌装置在搅拌电机（6）的带动下，由搅拌轴承（7）传动，使得搅拌叶轮（8）进行高速旋转，在搅拌叶轮（8）下部会产生负压，负压通过稳压板（9）的传压孔进入稳压板下端，使得稳压板下端产生了负压，浆料从进料口（2）自吸进入圆形筒体（1）内稳压板（9）的下端，再由搅拌叶轮（8）产生的离心力，甩至稳压板（9）与圆形筒体（1）内壁间的环形孔进入稳压板（9）上方的搅拌区域。

该三轴黏性料浆打散装置，其进料口设置在距离主搅拌装置最近的位置，以及桶底设置的稳压板减小搅拌装置对底下所产生负压的影响，保证了料浆能靠压差自吸入圆形筒体内。从搅拌装置与主搅拌装置相向旋转，能够增强物料各组分间的碰撞和揉搓作用。圆形筒体底部设置的导流板和搅拌轴承上安装的四组搅拌叶轮有效地增加搅拌装置的搅拌强度，也就是增加了物料在圆形筒体内的运动速度，增强了物料间的碰撞力和剪切力。排料口设置的圆孔筛板可以使未分散完全的物料重新落入圆形筒体内重新进行分散。排料口设置的高压水管通过喷出高压水射落堵在圆形筛板上的物料，防止圆形筛板堵塞。圆形筒体内设置的剪切板消除了筒体中"圆柱状回转区"，同时也提高了物料的剪切性能，增大了固-液-气三相之间的接触碰撞力。导流板和搅拌轴承上安装的三组搅拌叶轮，有效地增加了搅拌装置的搅拌强度，实现了黏性物料的有效分散。

4.2.2.2 打散装置对冶金尘泥的分散效果

采用普通的搅拌装置与该设计的搅拌装置进行了冶金尘泥的分散对比试验，如上所述采用沉降率作为分散指标。

取 3g 冶金尘泥与水混合，不加任何分散药剂，在两种不同的搅拌装置中，在搅拌转速 1000r/min 的条件下进行搅拌时间试验，其沉降率 E_s 见表 4-2。

表 4-2 三轴搅拌装置与普通装置对冶金尘泥沉降率的影响

沉降率/% ＼ 搅拌时间/min	1	3	5	7
三轴料浆打散装置	77.86	72.57	68.23	64.02
普通搅拌装置	83.78	81.06	79.12	77.29

从表 4-2 中可以看出，随着搅拌时间的增加，两种搅拌装置对冶金尘泥的沉降率影响均呈降低的趋势，当达到一定的搅拌时间后，若继续增加搅拌时间，则沉降率降低得较为缓慢。当搅拌时间为 5min 时，采用三轴黏性料浆打散装置处理冶金尘泥沉降率为 68.23%；而采用普通搅拌装置，此时冶金尘泥的沉降率为79.12%。因此可以看出，三轴黏性料浆打散装置上安装的导流板和三组搅拌叶轮有效地增加了搅拌装置的搅拌强度，也就是增加了物料在圆形筒体内的运动速度，实现了黏性物料的有效分散。

4.3 复合分散技术

机械分散离开搅拌作用，外部环境复原，它们又可能重新聚团。因此，采用机械搅拌与化学分散方法结合的复合分散手段通常可获得更好的分散效果。

取 3g 冶金尘泥与水混合，按 5mg/L 用量加入六偏磷酸钠，采用三轴黏性料浆打散装置在 1000r/min 的转速下搅拌不同的时间后，将搅拌后的溶液迅速移至颗粒仪上进行测定，计算其沉降率 E_s，如图 4-6 所示。

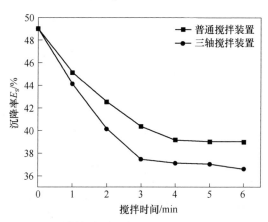

图 4-6 搅拌时间对冶金尘泥分散行为的影响

从图 4-6 中可以看出，加入化学药剂分散且采用三轴黏性料浆打散后，在搅拌时间相同的条件下，在该复合分散作用下的效果要强于上述单独分散效果，两者复合作用时，冶金尘泥的沉降率降低至 39.48%，实现了冶金尘泥物料的有效分散。通过三轴黏性料浆的强力搅拌，提高了絮结尘泥内部颗粒的剪切性能，增大了固-液-气三相之间的接触碰撞力，同时复合六偏磷酸钠化学分散剂，强化了电荷之间的排斥和高分子位阻效应，颗粒间产生强烈的排斥作用，进而增高颗粒间的势能壁垒，改善了絮结冶金尘泥颗粒的分散效果。

4.4　本章小结

三种分散剂对冶金尘泥均有一定的分散作用，对冶金尘泥的作用效果为：六偏磷酸钠>水玻璃>焦磷酸钠，当六偏磷酸钠用量在 5mg/L 左右时，沉降率从79.45%降为 44.17%。

研制的三轴黏性料浆打散装置提高了物料的剪切性能，增大了固-液-气三相之间的接触碰撞力，导流板和搅拌轴承上安装的三组搅拌叶轮有效地增加了搅拌装置的搅拌强度，实现了黏性物料的有效分散。

复合分散技术不仅提高了强力搅拌作用，同时强化了电荷之间的排斥和高分子位阻效应，冶金尘泥的沉降率降低至 39.48%，有效地改善了絮结冶金尘泥颗粒的分散效果。

5 水力旋流器数值模拟及提锌试验研究

由于高炉冶金尘泥的含锌率较高，直接回用会影响高炉的使用寿命，因此必须先进行锌的预处理研究。根据粒度组成表明，冶金尘泥中的锌主要集中在较细颗粒（一般颗粒尺寸不大于 18μm），且这部分锌的产率为 27.73%，品位为 16.13%，而铁和碳主要集中在较粗颗粒中（一般颗粒尺寸不小于 18μm），并且在较粗颗粒中含锌量很低。同时经过六偏磷酸钠及三轴黏性料浆打散装置复合分散试验，矿浆处于良好的分散稳定状态。因此，根据高炉冶金尘泥中锌成分按粒度分布不均匀的特性，考虑采用颗粒分级的技术与设备，可以将高炉冶金尘泥分离成含细颗粒的高锌部分和含粗颗粒的低锌部分。前者经脱水后送往浸出工艺再利用，后者可以进行铁、碳分选试验研究。

旋流分级技术作为一种高效的分级技术，广泛应用于多个工程领域，如矿山、石油、化工、海洋工程等。利用水力旋流脱锌也是常用的物理处理工艺的一种，水力旋流器作为一种简单、高效的颗粒湿式分级设备，用于高炉瓦斯泥的脱锌处理过程时，较其他脱锌工艺简单、维修方便、设备投资少、运行成本低，特别是无二次污染，因此受到普遍关注。在使用水力旋流器回收高炉瓦斯泥时利用水力旋流器的离心力作用将瓦斯泥粗细颗粒分开，再进行分级脱锌，取得了较好的尘泥利用效果。宝钢引进国外先进技术，采用水力旋流器对高炉瓦斯泥按粒径进行湿式分级试验，将瓦斯泥分为低锌粗颗粒瓦斯泥和高锌细颗粒瓦斯泥，从而实现经济、高效地回收利用高炉瓦斯泥的目的。

对于选矿中颗粒分级而言，粗颗粒分级技术已十分成熟，在生产中取得了很好的效果。目前，已研发出微细粒矿物分级的水力旋流器，国内外很多专家学者为水力旋流器的发展做出了重大贡献，他们对旋流场流动特性、分离机理、影响分级效率的因素、数值模拟等方面开展了深入研究，并取得了很好的研究成果。但由于颗粒在旋流器内受到三维流场作用以及入料压力、给矿浓度等因素的影响，目前对旋流器分离微细粒矿物的运动过程尚无统一完整的描述方法。

本章运用计算机数值模拟研究旋流场中微细粒矿物运动特性，目的是为了能够清楚、准确地描述颗粒在旋流场中运动变化情况，通过模拟比较在不同给矿压力、不同矿浆浓度等条件下，对分级效果的影响，找出对于不同粒径微细颗粒，改变某些工艺参数或结构参数来提高其分级效率。通过优化模拟，选择出最优条件，并通过实验验证，为实际生产提供依据。

5.1 旋流器中流场基本理论

矿浆在压力作用下从进料口沿切向进入水力旋流器，做强旋流运动。因此，液体在旋流器内的流动是复杂的三维旋转运动，并且和涡流联系紧密，所以旋转流与涡流理论的介绍是必要的。

根据流体质点在旋转运动时有无自转现象，可以将流体的旋转运动分为自由涡运动和强制涡运动两大类。自由涡运动就是流体质点角速度为零的运动，在运动过程中不围绕自身轴线旋转的运动。强制涡运动与之相反，运动中角速度不为零，流体质点在运动时绕自身轴线旋转的运动。流体运动的主体是强制涡运动，完全的自由涡运动只有在理想的流体中才会出现，在实际的黏性流体中是不会出现自由涡运动的。

5.1.1 基本方程

5.1.1.1 旋转流体的能量方程

水力旋流器工作过程中，多相流体在压力作用下由给料口沿一定形状的通道进入旋流器后，在旋流器内做高速旋转运动。在流场中半径为 r 处，取一宽度为 $\mathrm{d}r$、厚度为 $\mathrm{d}z$ 的长方形流管（图 5-1），则同一水平面上忽略重力势能的伯努利方程为：

$$H = z + \frac{p}{\rho g} + \frac{u_\theta^2}{2g} \tag{5-1}$$

式中　H——总压头，m；

　　　z——位置压头，m；

　　　p——半径 r 处的压力，Pa；

　　　ρ——流体密度，kg/m³；

　　　u_θ^2——半径 r 处的切向速度，m/s；

　　　g——重力加速度，m/s²。

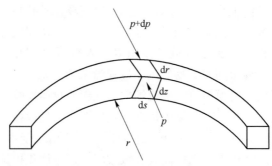

图 5-1　旋流器内的流体微元体

将式 (5-1) 对半径 r 微分, 得:

$$\frac{\partial H}{\partial r} = \frac{1}{\rho g}\frac{\partial p}{\partial r} + \frac{u_\theta}{g}\frac{\partial u_\theta}{\partial r} \tag{5-2}$$

对于所取微元体中的流体而言, 作用于该体积上的内外压力差充当离心力, 于是:

$$prd\theta dz - (p + dp)(r + dr)d\theta dz + \rho rd\theta drdz\frac{u_\theta^2}{r} = 0 \tag{5-3}$$

$$\frac{\partial p}{\partial r} = \rho\frac{u_\theta^2}{r} - \frac{p}{r} \Rightarrow \frac{\partial rp}{\partial r} = \rho u_\theta^2 \tag{5-4}$$

将式 (5-4) 代入式 (5-2) 得:

$$\frac{\partial H}{\partial r} = \frac{1}{g}\frac{u_\theta^2}{r} - \frac{p}{\rho gr} + \frac{u_\theta}{g}\frac{\partial u_\theta}{\partial r} = \frac{u_\theta}{g}\left(\frac{\partial u_\theta}{\partial r} + \frac{3u_\theta}{2r}\right) - \frac{H}{r} \tag{5-5}$$

式 (5-5) 是不考虑黏度影响的旋转流体能量方程, 即旋流场运动的基本方程。条件不同, 推出的旋转运动基本方程也不同。

5.1.1.2 自由涡运动的基本方程

在有旋流动中, 流体质点在运动过程中只围绕主轴公转, 而无自转的流动称为自由涡运动, 自由涡运动是没有外部能量补充的漩涡运动, 其主要特征是角速度矢量等于零, 故在式 (5-5) 中令 $\frac{\partial H}{\partial r} = 0$, 积分得:

$$(u_\theta^2 - gH)r^6 = C \tag{5-6}$$

式中 C——积分常数。

式 (5-6) 为理想自由涡运动的速度分布式。通过公式可知, 流体微元的切向速度与其旋转半径呈复杂的反比关系。

将 $\frac{\partial H}{\partial r} = 0$ 的条件代入式 (5-2), 等式左右同时积分, 得:

$$p = -\frac{1}{2}\rho u_\theta^2 + C = p_\infty + \frac{\rho}{2}(gH - u_\theta^2) \tag{5-7}$$

式中 p_∞——无穷远处的压力。

式 (5-7) 为理想自由涡运动的压力分布式。

5.1.1.3 强制涡运动的基本方程

以角速度矢量不等于零为特点的强制涡运动, 是流体因外力连续作用而发展和形成起来的旋转运动。强制涡运动在理想状态下近似于刚体运动, 即流体质点的切向速度正比于其旋转半径。

$$u_\theta = \omega r \tag{5-8}$$

式 (5-8) 为强制涡运动的速度分布式。设在涡核处 ($r = 0$)、压力为 p_0。

将式（5-8）代入式（5-4），积分得：

$$p = \frac{1}{3}\rho\omega^2 r^2 + \frac{C}{r}$$

式中　C——积分常数。

在 $r=0$ 处，根据实际压力不可能无限增大，故取 $C=0$。于是：

$$p = \frac{1}{3}\rho\omega^2 r^2 = \frac{1}{3}\rho u_\theta^2 \qquad (5-9)$$

式（5-9）为强制涡运动的压力分布式。

5.1.1.4　组合涡运动的基本方程

完全的自由涡和强制涡既不存在于自然界又不存在于工程应用中，大多是由两种涡组合而成的组合涡。组合涡既具有自由涡的特性又具有强制涡的特性。组合涡的涡核为强制涡，符合强制涡运动的速度压力分布规律。组合涡的外围部分属于自由涡，符合自由涡运动的速度压力分布规律。组合涡运动通式为：

$$u_\theta r^n = C \qquad (5-10)$$

根据指数 n 的取值不同就得到不同程度的组合涡运动（指数 n 的取值不同，得到的组合涡运动的程度也不同）。当 $n=1$ 时，为理想自由涡运动；当 $n=-1$ 时，为理想的强制涡运动。对于通常的组合涡，在自由涡或准自由涡区域，取值范围为 $0<n<1$。

当组合涡运动变为具体运动时，其质点旋转半径不同，切向速度也不同。从周边到涡核，切向速度分布由自由涡到强制涡。由于两种涡运动的切向速度与旋转半径的关系，自由涡与强制涡分界面上的切向速度最大，此界面半径记为 r_{m}。

5.1.2　两相流中的受力分析

连续相中运动的单个颗粒受到的流体力有两种：一种是流体压力在颗粒运动过程中不均匀地分布在球体表面上的流动阻力，即形体阻力；另一种是流体作用于颗粒表面的剪应力，即摩擦阻力。两种阻力之和即为流体对颗粒形成的总阻力，简称曳力。通过流体连续性方程的求解，可知在层流条件下（不计惯性力），单独球形颗粒在流体中所受曳力为 $6\pi\mu r_0 u_0$（其中，μ 为液体的黏度；r_0 为球形颗粒的半径；u_0 为颗粒相对运动速度）。颗粒所受到的曳力是研究离散相在流体中的沉降、上浮等现象所依据的基本规律之一，称为斯托克斯定律或斯托克斯阻力定律，且其仅适应于雷诺数较小（$Re<1$），在 $N\text{-}S$ 方程中忽略惯性力的条件。在大雷诺数、需要考虑流体惯性力时就不再适用。

颗粒在旋流场中受力包括颗粒自身重力、浮力、液体阻力以及离心力等，其中颗粒自身的重力与浮力分别为：

重力 $\qquad\qquad F_{\mathrm{g}} = \dfrac{\pi}{6} d^3 \rho_{\mathrm{d}} g$ $\qquad\qquad$ (5-11)

浮力 $\qquad\qquad F_{\mathrm{f}} = \dfrac{\pi}{6} d^3 \rho g$ $\qquad\qquad$ (5-12)

颗粒在流体中的运动可表示为：

$$\frac{\pi}{6} d^3 \rho_{\mathrm{d}} \frac{\mathrm{d}u}{\mathrm{d}t} = \sum F \qquad\qquad (5-13)$$

式中　$\sum F$——在速度 u 方向上的各种受力的代数和。

在重力沉降或上浮过程中，流体浮力、流体的阻力以及自身重力为颗粒受力，故垂直方向受力方程为：

沉降过程 $\qquad \dfrac{\pi}{6} d^3 \rho_{\mathrm{d}} \dfrac{\mathrm{d}u}{\mathrm{d}t} = \dfrac{\pi}{6} d^3 (\rho_{\mathrm{d}} - \rho) g - 3\pi\mu d u_0$ $\qquad$ (5-14)

上浮过程 $\qquad \dfrac{\pi}{6} d^3 \rho_{\mathrm{d}} \dfrac{\mathrm{d}u}{\mathrm{d}t} = \dfrac{\pi}{6} d^3 (\rho - \rho_{\mathrm{d}}) g - 3\pi\mu d u_0$ $\qquad$ (5-15)

当受力平衡时，颗粒做等速运动，此时：

沉降过程 $\qquad\qquad u_0 = \dfrac{d^2 (\rho_{\mathrm{d}} - \rho) g}{18\mu}$ $\qquad\qquad$ (5-16)

上浮过程 $\qquad\qquad u_0 = \dfrac{d^2 (\rho - \rho_{\mathrm{d}}) g}{18\mu}$ $\qquad\qquad$ (5-17)

式（5-16）和式（5-17）是在静止的流体中，颗粒受力平衡时的沉降或上浮关系式，在流动的流体中，两式中的 u_0 则表示颗粒相对流体进行沉降或上浮时的相对速度。

由于离心力远大于颗粒自身的重力，因此颗粒自身的重力在离心力场中可以忽略不计，此时，颗粒受到的力为自身的离心力、流体的流动阻力以及连续相流体的离心力。其中颗粒所受离心力为：

$$F_{\mathrm{c}} = \frac{\pi}{6} d^3 \rho_{\mathrm{d}} \frac{u_\theta^2}{r} \qquad\qquad (5-18)$$

由于颗粒与液体的密度不相等，离心力的作用使旋流场中的液体与颗粒有的运动具有一定的径向速度差 u_0，则颗粒沿半径方向的受力方程为：

$$\frac{\pi}{6} d^3 \rho_{\mathrm{d}} \frac{\mathrm{d}u}{\mathrm{d}t} = \frac{\pi}{6} d^3 (\rho_{\mathrm{d}} - \rho) \frac{u_\theta^2}{r} - 3\pi\mu d u_0 \qquad (5-19)$$

当颗粒在径向受力平衡时，式（5-19）变为：

$$u_0 = \frac{d^2 (\rho_{\mathrm{d}} - \rho)}{18\mu} \frac{u_\theta^2}{r} \qquad\qquad (5-20)$$

式（5-20）中 u_0 若为正值，说明颗粒在径向与液体做反方向运动；u_0 若为负值，则说明颗粒在径向与连续相流体做同向运动。

5.1.3 水力旋流器内的流速分布

可将旋流场中流体速度分为切向速度、径向速度、轴向速度，这有利于充分了解旋流场内流速分布，描述颗粒运动轨迹，而且对于从理论上预测颗粒分离效率有十分重要的作用。

5.1.3.1 切向流速分布

切向速度在三个分向速度中是最重要的速度，它产生的离心力是旋流器内两相或多相分离的基本前提。它在数值上要比其余两个方向的速度大，这方面的实验研究首先是由 Kelsall 开始的，Kelsall 选用固体铝颗粒，以显微镜光学测量法追踪颗粒在旋流器内的运动轨迹，最终获得了固体颗粒的轴向与切向流速分布。

人们一直以来都在切向速度的理论归纳方面进行研究。其中，Rietema 早在 1961 年就通过对动量方程的简化，最终得到了切向速度的表达式，但由于他的推导过程略显粗糙，并且得到的结果也比较复杂，同时包含在其中的涡流黏度等参数对实际应用来讲也不是很方便。值得一提的是，Bloor 和 Ingham 通过求解球坐标系中的动量方程，最后获得了在一定简化条件下的速度分量表达式。该运算方法运算复杂，但其思路给了人们一些启示。

切向速度表达式：

$$u_t r^n = k \tag{5-21}$$

式中　u_t——切向速度；

　　　r——距轴心处半径；

　　　n——指数；

　　　k——常数。

5.1.3.2 轴向流速分布

研究轴向速度通常有两个目的：一是为了找出在旋流场中外层向下流动与内层向上流动零速转变面，即零轴向速度包络面，零轴向速度包络面的空间位置不仅决定了沉砂和溢流的体积分配量，而且也影响着分级粒度；二是研究轴向速度，通过它观察流体质点或颗粒进入旋流器以后的运动轨迹，并据此预测旋流器的分离效率，同时研究流场以及分离效率的影响因素，也能对内流场以及分离效率等进行模型化处理。

下面介绍两种针对固-液旋流器以公式形式给出的轴向速度的表示式。

（1）徐继润公式：

$$u_z = \ln\left(\frac{r}{m + nr}\right) \tag{5-22}$$

式中　m，n——常数；

r——坐标系中的半径。

（2）Bloor 和 Ingham 公式。Bloor 和 Ingham 的公式完全通过对球坐标系中的动量方程简化后解析求解而得。在旋流器的半锥角比较小时：

$$u_z = -\delta[(2\theta + 2)\ln(\theta/\alpha) + 1]\tag{5-23}$$

式中 δ——系数。

5.1.3.3 径向流速分布

径向运动的速度与其他两个方向的流动相比，它的运动速度较小，这使得实验测定工作相当困难，并且即使运用现代化的激光测速技术去对水力旋流器内液流径向速度进行测定，也是相当困难的，同时由于器壁与介质的折射以及切向速度的干扰，测点位置的确定及流动速度的测量也极易产生误差，因此需要比较复杂的校正处理。

对水力旋流器内液相径向速度研究，徐继润、孙启才、Hsien 和李琼等人曾先后用激光多普勒测速仪做了实测探讨，并作了理论分析。他们认为，常规的固-液旋流器内的径向速度分布应是：随着径向位置从器壁趋向轴心，径向速度呈现逐渐增大的趋势，在中心处又急剧降低；而锥段径向速度方向始终是由器壁指向轴心；同时内旋流区的径向速度变化比外旋流区的变化幅度大。

径向速度 u_r 随半径 r 的变化同样可写成公式：

$$u_r r^m = k\tag{5-24}$$

式中 u_r——切向速度；

r——距轴心处半径；

m——指数；

k——常数。

5.2 水力旋流器数值模拟研究

5.2.1 物理模型的建立及边界条件的设置

5.2.1.1 FLUENT 软件介绍

FLUENT 软件是目前比较流行的一种具有强大功能的商用流体动力学（CFD）专业仿真软件。与其他类似仿真软件相比，该软件具有丰富的物理模型，支持界面不连续的网格划分，采用结构化网格划分，有二维网格单元如三角形、四边形等，三维网格单元如四面体、六面体、楔状体、混合体等，可以根据流场的需要选择合适的网格单元，自适应的对计算区域网格进行细化粗化。FLUENT软件可以很方便地处理其他软件难以解决的问题，如复杂几何结构模拟仿真及模拟物理量变化梯度大等问题，在专业领域应用甚广。

FLUENT 软件可应用范围很广，单就研究流场而言，可以模拟的类型主要包括：可压缩流与不可压缩流、定常流与非定常流、理想流体、层流与旋流、牛顿流体与非牛顿流体、含有热交换的流场、惯性系与非惯性系流场、含有多运动结构（如泵、叶轮等）流场、带有相变的流场、渗流、多相流、带有复杂表面的自由表面流，以及粒子、液滴、气泡的运动轨迹等。综上所述，对于一些具有复杂几何结构的可压缩流与不可压缩流等问题，用 FLUENT 软件进行模拟研究是非常可行且有效的。

FLUENT 软件是一款功能丰富、应用广泛的商用软件包，图 5-2 所示为该软件基本组成。

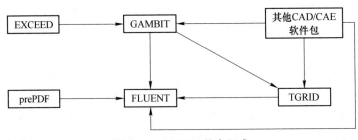

图 5-2 FLUENT 基本组成

在这众多的模块当中，FLUENT 模块是整个软件模拟计算的核心，是主处理器单元，主要负责模型网格调整（包括物理模型的规格尺寸、局部网格优化加密等）、求解器类型选择及确定（包括数学模型、算法的选择）、边界条件合理设定、求解计算以及结果的后处理等。prePDF、GAMBIT 和 TGRID 这些模块都属于FLUENT 的前处理器。其中，prePDF 前处理器主要用来模拟预混合燃烧；TGRID前处理器则专门负责网格划分，尤其是对于模型边界的网格划分。

GAMBIT 是该软件中除"FLUENT"之外最为关键的模块，主要负责几何模型建立及网格划分。在 GAMBIT 模块中可以根据实际需要建立二维或三维物理模型，并进行合适的网格划分，除此之外，GAMBIT 也支持直接导入在其他软件（如 CAD/CAE、Ansys 等）中建立的几何模型，然后再对其进行网格划分。本书中的几何模型都是采用第一种方式直接在 GAMBIT 里面创建的，经多次模拟仿真确定合适的划分网格单元数目，然后保存所建模型及网格文件，并将其导入到FLUENT 求解器中进行求解。

EXCEED 单元是 GAMBIT 模块的运行平台，也是 GAMBIT 正常工作的前提，只有安装了 EXCEED，GAMBIT 模块才能正常运行其各功能。

在使用 FLUENT 软件模拟旋流场之前，需要认真考虑下面几个问题，因为它直接影响着整个模拟的成功与否：

（1）对所要模拟的旋流场必须要有定性的了解，只有这样才能在后续计算时选择正确合理的计算模型。

（2）CFD 软件一个不可忽视的缺点就是计算冗杂、存储量大。因此，为避免庞大的计算量及尽量减小所需内存，在确定计算精度、结构化网格划分数目、计算冗余精度等时就要求考虑实际情况，并结合所要模拟的旋流场的特性、想要达到的高度以及计算机运算能力等来进行综合考虑，这步骤在提高模拟效率、保证结果准确、可靠方面是重要而不可或缺的。

（3）建立符合实际的几何模型。为了提高模拟效率、减小计算时间，需要在合适的范围之内，尽量简化物理模型及划分网格，如二维可以模拟的就不用三维模拟。此外，网格划分并不是越多越好，根据需要选择合适的单元网格类型以及网格划分精度也是十分重要且有意义的。

（4）选择适合且有效的计算模型及计算方法。软件的计算模型有多种，对于同一问题，选择不同计算模型得到的求解速度及结果准确度也有所差别，因此在求解时要根据所需要模拟的流场特性来选择合适且有效的计算模型。计算方法包括瞬态计算和稳态计算。对于瞬态计算问题，也需要根据实际要求的计算精度及计算机的处理能力来综合考虑，合理设定时间步长。

（5）选择适合的亚松弛因子。亚松弛因子关系到计算结果最终能否收敛的问题。如若选择不合适的控制参数，则可能会使计算过程收敛变慢，导致计算时间大幅增加；更严重者，可能会直接导致计算发散结果不收敛。

网格划分的好坏对模拟的成功与否至关重要，它涉及后续计算的收敛及模拟的真实度与可靠性。将几何模型划分为四个结构化部分，对其分别进行网格划分，结构化网格为模拟计算提供了方便，既可保证网格精度又节约了运算时间。网格 Elements 选择 Hex/Wedge，即六面体/楔形网格；Type 选择 Cooper 模式，其优点在于在反应剧烈处加密网格。Thompson 提出了的椭圆微分方程法，这里网格生成就是基于这种方法，主要采用结构化网格生成技术。在这里水力旋流器被分解成四个子块，在每个子块中首先用无限插值法进行初始网格划分，然后再用 Thompson 和 Middle 提出的方法对网格进行平滑，确保最终网格能够满足边界正交性的要求。

水力旋流器筒径的大小主要影响生产能力和分离粒度，一般随着旋流器筒径的减小，其生产能力和分离粒度都会减小，所以不可以简单地利用几何相似准则在实验室或半工业试验场内用小直径水力旋流器来模拟工业规模的大直径水力旋流器，而应该借助一些相应的换算关系。实际工作中，在保证分离指标的前提下，应尽量选用大直径旋流器，因为其操作比较简单且不易堵塞。

5.2.1.2　物理模型的建立

本章主要研究 $20\mu m$ 以下微细颗粒的运动，选择水力旋流器筒径 $D = 50mm$，并在此条件下，比较不同角锥比、溢流管插入深度、旋流器锥角、给矿口尺寸与形状、柱体高度、给矿压力等对旋流场的影响。

根据建模条件，初步设定模型的几何尺寸见表5-1。

表 5-1 旋流器模型几何尺寸

参数	柱体直径 D/mm	柱体高 H/mm	锥角 α/(°)	溢流管直径 D_0/mm	溢流管插入深度 H_0/mm	底流管直径 D_u/mm	给矿口长 a×宽 b /mm×mm
数值	50	60	10	16	20	10	18×9

表5-1为初步采用的旋流器几何参数。采用基于Thompson 等提出的椭圆微分方程法来生成网格，将模型分块结构化，利用贴体网格生成技术，将水力旋流器分成四个子块，在每个块中首先用无限插值法生成初始网格，对网格进行平滑处理，以便满足边界正交性的要求。网格数为24867个，经检查，网格质量符合要求。旋流器几何模型如图5-3所示。

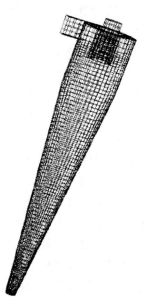

图 5-3 旋流器几何模型

5.2.1.3 湍流模型的选择

可以用来准确描述旋流器流动规律的现有数学模型包括：标准 k-ε 模型、RNG k-ε 模型、Realize k-ε 模型和雷诺应力模型（RSM）等。旋流场的流动具有其独有的特点，如时均定常性、轴对称性和各向异性脉动流动。因此，在对旋流场问题进行数值模拟研究时，大家更愿意采用旋流模型，如混合长度模型、标准 k-ε 模型、代数应力模型等，它们都是基于涡黏性假设下的。从前人的研究成果可以明显看出，上述几种模型各自都在不同方面存在一定程度缺陷。例如，标准 k-ε 模型在轴向速度和切向速度的数值预测方面就与实际流场结果存在较明显偏差；RNG k-ε 模型在标准 k-ε 模型基础上提出一些改进，但是这种改进并没有突破涡黏性假设下的各向同性的框架，仅仅体现在模型系数以及耗散附加项等方面改善，所以其改进仍存在条件性，应用也有很大的局限性。因此，要想从根本上解决上述 k-ε 模型缺陷，更严格、有效的方法就是直接放弃上述基于涡黏性假设的旋流模型，改而采用更为优良、完善的旋流模型。

由于水力旋流器内部流体具有强旋旋流特性，造成旋流结构具有较为明显的各向异性特质。在现有的旋流模型中，能够用于解决旋流结构各向异性问题的模型有雷诺应力（RSM）模型和大涡模拟（LES）这两种模型。前者由于完全放弃了基于各向同性的涡黏性假设，各应力分量可以通过直接求解雷诺应力的输运方程得到。雷诺应力输运方程包含对流项和产生项，考虑了旋流的对流和扩散作用，且这两项能够根据流线的弯曲和旋转而进行自动调节，因此非常适合模拟强旋流场，如旋流器内的强旋旋流场。

湍流极其复杂，因此，到目前为止，还没有任何人能够完全阐述其产生的机理。关于湍流的描述仍然是建立在 RSM（Reynolds-averaged Navier-Stokes）方程之上。RSM 方程可以写成：

$$\frac{\partial u_i}{\partial x_i} = 0 \tag{5-25}$$

$$\frac{\partial u_i}{\partial t} + \frac{\partial u_i u_j}{\partial x_j} = -\frac{1}{\rho}\frac{\partial p}{\partial x_i} + \nu\frac{\partial}{\partial x_j}\left(\frac{\partial u_i}{\partial x_j} + \frac{\partial u_j}{\partial x_i} - \frac{2}{3}\delta_{ij}\frac{\partial u_k}{\partial x_k}\right) - \rho\left(\overline{u_i' u_j'}\right) \tag{5-26}$$

其中 u_i 为速度矢量，并满足下式：

$$u_i = \overline{u_i} + u'_i \tag{5-27}$$

式中，i 为物理量分量（$i=1$，2，3）；$\rho\left(\overline{u_i' u_j'}\right)$ 为在时均化处理过程中产生的雷诺应力项；ν 为流体运动黏度；ρ 为流体密度。

本章主要研究的是水力旋流器内的三维流场，由于其强旋流场的各向异性特质，因此，这里采用 FLUENT6.3 提供的雷诺应力模型（RSM）进行模拟。

5.2.1.4 边界条件的设置

A 入口边界条件

为了更贴近实际情况，将水力旋流器的矿浆入口边界条件设定为压力进口，此处流体的旋流已经充分发展，水力直径 $DH=D=4ab/2(a+b)$，旋流强度 I 由以下关系式得出：

$$I = 0.16 \times Re^{-1/8}, \quad Re = \frac{\rho v d}{\mu} \tag{5-28}$$

式中 ρ——液体密度；

      v——液体速度；

      d——液体入口直径；

      μ——液体黏度。

B 出口边界条件

出口边界条件设置：将水力旋流器的溢流管出口定义为压力出口，模式设置为逃逸（escape）；底流管出口也定义为压力出口，模式设置为捕捉（trap）。在出口处旋流流动已充分发展的前提下，可以确定所有变量在出口截面法向方向上的梯度均为零，因此就可以按分流比获得出口流量，进而再用出口流量确定出口处的轴向平均流速。最后再通过边界条件内推确定其他参数。

C 壁面边界条件

壁面边界条件设为无滑移边界，壁面粗糙度设为默认值 0.5。由于壁面无渗透，因此不存在滑移速度，可以不用考虑；壁面切应力、近壁处湍动能以及旋流扩散率等都可以通过壁面函数方程求得。旋涡和旋流产生的根本原因在于壁面效应，因此从某种程度上，近壁面区的处理效果就决定了最终数值求解结果的准确性。在处理边界旋流方面，标准壁面函数法能够获得准确的壁面切应力，应用也最为广泛，因此本章选用该法来解决边界旋流问题。

D 边界条件初始设定

设定矿浆入口为压力入口，压力选择 30kPa，物料浓度为 10%。对 10μm、15μm、20μm 粒径的颗粒进行模拟，颗粒密度设为 2.6g/cm³，体积分数均为 3.3%。底流口和溢流口边界条件均设为压力出口，外界大气压为 1.01MPa。回流湍流强度根据公式 $I = 0.16 \times Re^{-1/8}$，均设为 10%。壁面采用标准壁面函数法，颗粒碰撞后反弹，粗糙度为 0.5，水相无滑移条件。

5.2.1.5 求解控制的选择

FLUENT 求解器设置主要包括以下方面：首先是选择正确的压力-速度耦合方程格式，其次是设置合适对流插值以及梯度插值，最后是压力插值设定。

在 FLUENT 中求解压力-速度耦合方程时，可以选择使用标准 SIMPLE 算法或 SIMPLEC（SIMPLE-Consistent）算法。一般情况下默认采用 SIMPLE 算法，但是对于某些特定的问题，采用 SIMPLEC 算法反而可以得到更好、更准确的结果，尤其是考虑了增加的亚松弛迭代时。在 SIMPLEC 中，压力校正亚松弛因子通常设为 1.0。对于比较复杂的流动问题，如包含湍流或含有附加物理模型等，可以通过适当地限制压力速度耦合，来提高 SIMPLEC 的收敛性。

在 FLUENT 中，所有变量的默认亚松弛因子都在 0~1 之间，是大多数问题的亚松弛因子的最优值。虽然使用亚松弛因子起初会使计算残差有少量的增加，但是随着迭代次数增加，原来增加的计算残差又会慢慢消失，因此使用亚松弛因子可以显著提高计算的收敛性。在用 SIMPLEC 算法求解时，压力的亚松弛因子使用默认值即可，不需要人为增加或减小。

压力差值选择 PRESTO 格式。FLUENT 技术文档中指出对于具有高涡流数以及高雷诺数的自然对流和包含多孔介质或高度扭曲区域的高速旋转流动，均需使用 PRESTO 格式。

四边形和六面体网格的梯度插值设置。FLUENT 软件自带的 QUICK 格式可以方便地计算对流变量在表面处的高阶值。QUICK 类型的格式是在变量的二阶迎风插值与中心插值的基础上再乘以适当的权因子得到的，对于高速旋流场，其计算精度和收敛速度均要优于二阶迎风插值。

5.2.2 水力旋流器内流场特征

5.2.2.1 旋流场内压强的分布

在上述边界条件的设定下模拟，取截面 $X = 0$ 观测，模拟的结果如图 5-4 和图 5-5 所示。

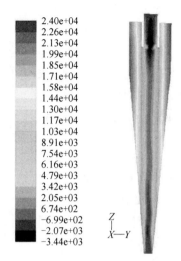

图 5-4　X=0 截面压力云图

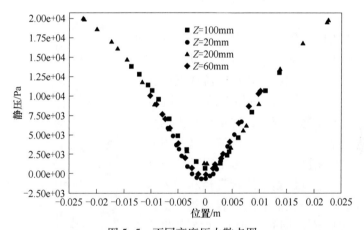

图 5-5　不同高度压力散点图

由图 5-4 及图 5-5 可以看出，压力以轴心位置处大致对称，随半径的减小压力也逐渐减小，在轴心附近出现负值，即所谓的负压，正是负压提供了颗粒向上的动力，促使形成内螺旋，从而实现分级。在溢流管口处可以看到，有一个负压很大的区域，一些矿浆由此直接排除，这就是常说的短路流。从图 5-5 中可以看出，随着高度的降低，在轴心处产生的负压也越大，这说明随着运动空间的逐渐减小，压差在加剧，故颗粒的分级是在旋流器的锥部进行的。

5.2.2.2　旋流场内浓度分布

X=0 截面浓度云图如图 5-6 所示。

由图 5-6 可知：水平方向，器壁处浓度最高，随半径减小，浓度逐渐降低；

竖直方向，随高度的降低，浓度越来越大。分析
原因可知，在旋流场中矿浆受到离心力的作用，
粒度大的颗粒受到的离心力也越大，更易甩向外
侧进入外螺旋流，随着向下运动空间的减小，浓
度逐渐升高。粒度小的颗粒受到的离心力也较小，
更易进入负压产生的内螺旋流，由溢流管排出，
从而实现分级。

5.2.2.3 旋流场内速度分布

X=0 截面速度云图如图 5-7 所示。从图 5-7
中可以看出，水力旋流器给料口处的速度最大，
随着矿浆在旋流场中的运动，速度逐渐减小，同
时贴近壁面处由于液体与壁面的摩擦作用，矿浆
的速度很低，可以视为层流或过渡流，但该层厚
度很小。在整个水力旋流器的中心部分矿浆流速
也较低。

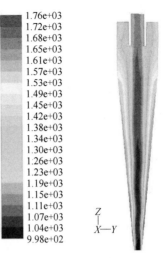

图 5-6 $X=0$ 截面浓度云图

在轴心处可以看到颜色的明显差异，这种变
化是内外螺旋流造成的，外螺旋流运动向下，内
螺旋流运动方向与之相反，外螺旋流速度明显大
于内螺旋流，这与压力云图相对应。在溢流口
处，可以看到液体速度较大，这正是较大的负压
使得液体速度增加，产生了短路流，这是不利于
分级的，因为短路流使得矿浆未来得及分离便由
溢流口排出。可通过调整溢流管直径和插入深度
来削弱这种影响，会在后面的内容中提及，这里
不再赘述。在底流口附近，轴心处速度几乎为
零，粗颗粒由底流口沿器壁排出，这与实际生产
相符。

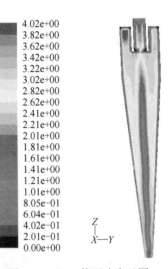

图 5-7 $X=0$ 截面速度云图

选取具有代表性的截面 $Z=200\text{mm}$，可以看
到速度矢量的一个运动趋势（图 5-8），内旋流向上顺时针运动，外旋流呈顺时
针向下运动，内旋流速度明显小于外旋流。还可以看到，对于外旋流，随着半径
的增大，速度矢量呈由上向下的运动趋势，在半径 $0<r<R$ 处必然有一个值。使得
速度矢量与水平面平行，这个面即为循环流面，此面构成了内、外旋流的分
界面。

旋流场内速度可以分为切向速度、径向速度、轴向速度，这三个速度对于研
究颗粒的分离过程具有重大的意义。

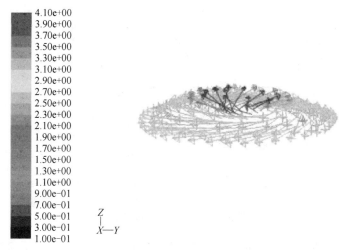

图 5-8 $Z=200$ mm 截面速度矢量图

　　图 5-9 所示为在旋流器不同高度的横截面上切向速度沿半径的变化情况。其速度曲线明显地表现为组合涡运动，即在半径的大部分区域切向速度随半径的减小而增大，呈半自由涡运动。到溢流管半径的 0.7~1 倍处，切向速度反而随半径的减小而减小，在中心处速度趋向于零，呈强制涡运动。

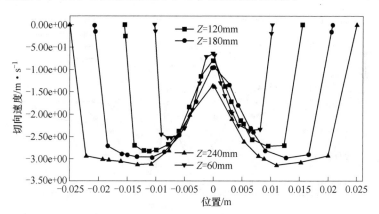

图 5-9　不同位置切向位置

　　图 5-10 所示为矿浆的轴向速度随半径的变化情况。可以看到，在外层向下流动与内层向上流动的液流中间，存在零速转变点。若将各处 $v=0$ 的点连接起来可以得到一个圆锥面，该面即为轴向零速包络面。包络面的空间位置不仅决定了底流和溢流的体积分配量，而且也影响着分级粒度。随着位置的降低，越接近底流口，速度向下运动，说明越接近底流口，越难实现分级，分离不会在底流口发生，应在 $Z=120$ mm 以上的位置。

　　图 5-11 所示为径向速度在不同位置随半径的变化情况。在旋流器的直筒部

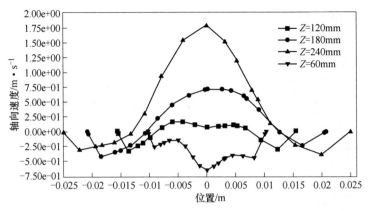

图 5-10 不同位置轴向速度

分，径向速度随半径的减小而减小，而在锥体部分，径向速度同切向速度一样随半径的减小而增大。比较四个位置的曲线可以看出，不同高度的断面上径向速度差异比较大。颗粒在离心力的作用向着器壁"沉降"，而液流的径向速度方向与之相反，是向内流动的。颗粒是受外旋流或是内旋流取决于两者速度之差，于是可以得出在旋流场中存在一个半径 r_x，使得颗粒在此方向受力平衡，这也就是所谓的回转半径。

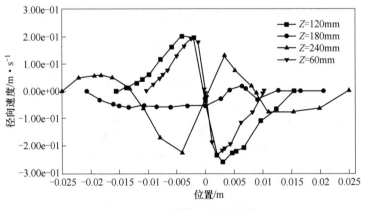

图 5-11 不同位置径向速度

5.2.2.4 旋流场中湍流强度变化

图 5-12 所示为 $X=0$ 截面湍流强度云图。

从图 5-12 中可以看到，在筒体部分，溢流管周围的大部分区域都处于低湍动能状态，说明流体充分发展，这有利于颗粒在此沉降分级，而在旋流器的锥体部分，随半径的减小，液流发展受阻，湍流强度增大，湍流强度的增大显然会导致处于流体中的颗粒均匀混合，降低分级效果。

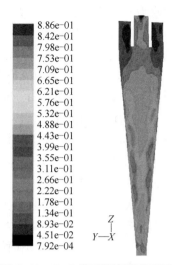

图 5-12 $X=0$ 截面湍流强度云图

本章研究微细粒矿物在旋流场中的运动特性，首先模拟研究了设定模型下旋流场中压强、速度、湍流强度的分布等。为了更深入研究流场内各参数的变化情况，分析影响其分级效率的工艺参数和结构因素；通过模拟设计多种改进方案并建立网格模型，对其进行模拟分析，研究柱段、锥段等区域的流场状况；最后对比分析模拟结果，并通过进一步的模拟对其进行优化设计。

5.2.3 结构参数对数值模拟的影响

虽然水力旋流器的结构简单，但其性能的影响因素众多。其中，结构因素对其分离性能起重要影响。结构因素包括水力旋流器的结构形式和结构参数。由于结构因素涉及非常多的结构形式和参数，因此，要从定量的角度研究结构因素对水力旋流器分离性能的影响几乎是不可能的。现有的文献都是从定性的角度来描述结构因素对其分离性能的影响的。

5.2.3.1 入料管直径影响

进料管的结构包括进料管的入口数量、入口形式、进料管截面形状、进料管的截面尺寸等。进料管的入口数量有单入口、双入口和多入口等；入口形式有常见的切向入口、弧线形入口、渐开线入口、螺线型入口等；截面形状有普通的圆形截面、矩形截面等。

研究发现，水力旋流器入口个数增加，可以有效降低其内部流场的湍流强度、增加流场的稳定性，但入口个数越多，对于入料的均匀分配、现场的管路布置等要求也越高，因此常用的水力旋流器仍然是单入口。

切向进料管容易造成进料口处流体的湍动和扰动，在进料口处引起较大局部能量损耗；弧线形进料管的水力旋流器的处理能力大、能耗低。

进料管截面形状以普通圆形居多，但矩形截面的进料管也有较广泛的应用。与圆形进料管相比，矩形进料管能使进料口流体的湍动和扰动减弱，而且螺旋矩形进料管的分级粒度最小。因此选用矩形入料口，它的尺寸常用等效直径来表示，也就是进料管的实用面积与其相应圆形面积相等时该圆的直径，即：

$$D = 1.13\sqrt{A} \tag{5-25}$$

在研究给矿口当量直径为 14mm 的基础上，进一步模拟研究入料管当量直径为 11mm、12.5mm、16mm 时水力旋流器的分离性能。在改变入料管当量直径时，保持其矩形截面长宽比为原有的 2∶1。

图 5-13 中（a）～（d）依次是给矿口当量直径为 11mm、12.5mm、14mm、16mm 时的速度截面云图。可以看出，给矿口直径越大，在溢流口附近矿浆速度也越大，导致更多的矿浆从溢流口排出，从而降低颗粒的分级效率。这也可以解释单颗粒运动中，靠近轴心处的颗粒更容易由溢流口排出。

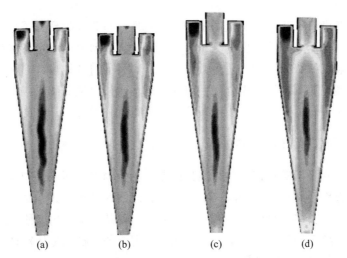

图 5-13　不同给矿口当量直径 $X=0$ 截面速度云图
（a）11mm；（b）12.5mm；（c）14mm；（d）16mm

图 5-14 所示为不同给矿口当量直径与分级效率关系。由图可以看出，增大给矿口直径，会导致分级效率的下降。但是，同样的给矿压力，给矿口越大，其处理能力就越大。但不能单纯为追求分级效率而忽略生产能力，综合考虑，选择给矿口当量直径为 14mm。

5.2.3.2　溢流管插入深度的影响

其他条件不变，改变溢流管的插入深度，深度分别为筒柱高的 1/6、1/3、1/2、2/3、5/6 倍。研究发现，溢流管深度的变化对旋流场的影响很大，流场上表现为短路流的变化，结果表现为分级效率的改变。旋流场的变化如图 5-15 所示。

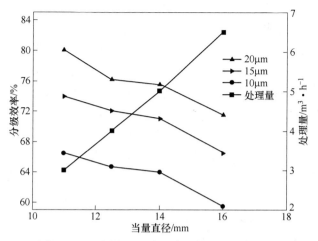

图 5-14 不同给矿口当量直径与分级效率关系

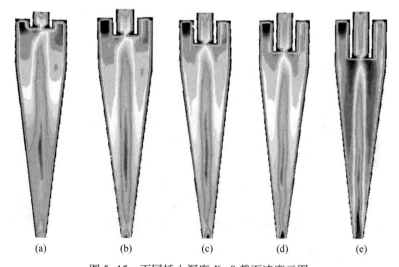

(a)   (b)   (c)   (d)   (e)

图 5-15 不同插入深度 $X=0$ 截面速度云图

（a）$H_0=10\text{mm}$；（b）$H_0=20\text{mm}$；（c）$H_0=30\text{mm}$；（d）$H_0=40\text{mm}$；（e）$H_0=50\text{mm}$

由图 5-15 可知，在相同压力的情况下，溢流管插入的深度对旋流场的影响是明显的。第一幅图是插入深度为 10mm（即筒高的 1/6 处）时的速度云图，可以看到，在溢流口附近形成了大量的短路流，使得进入旋流器中的矿浆未来得及进行有效分离便由溢流口直接排出，随着插入深度的增加，可以看到短路流在逐渐减小，但是变化不大。当插入深度为 50mm 时，可以看到在溢流管附近流体速度变大，形成的内旋流高度在减小。

图 5-16 可以直观地表现分流比随溢流管插入深度的变化。随着插入深度的

增加，分流比是逐渐减小的。当插入深度为 $H_0 = 10mm$ 时，由于深度太浅，在一定的给矿压力下，形成的内旋流不能及时有效地排出，使得底流口排出的矿浆较多，导致分流比增大，底流口中排出的小粒径颗粒较多，在溢流口附近形成的短路流的颗粒来不及分离便从溢流管排出，造成溢流颗粒粒级混乱，恶化分级效率；当深度由 $H_0 = 20mm$ 变化到 $H_0 = 40mm$ 时，可以看到形成的流场变化不大，且通过 FLUENT 中质量流率计算，这三者的分流比差别不大，但比起 $H_0 = 10mm$ 的分流比要小很多，因为随着插入深度的增加，避免了短路流中大部分颗粒直接进入溢流，在旋流场中有一个分级的过程从而使得分离效率提高，分离粒度减小。但插入深度再增加，当 $H_0 = 50mm$ 时，可以看到在溢流管附近的速度明显增大，促使溢流量进一步增大，分流比减小，但却造成分离粒度变粗，分级效率下降。这是因为溢流管插入深度过度增大，减小了内旋流的高度，使颗粒在旋流场内的运动时间减少，使得中等粒度的颗粒不易被分离出来，从而分离粒度增大。最终确定插入深度为 30mm，即柱段高度的一半。

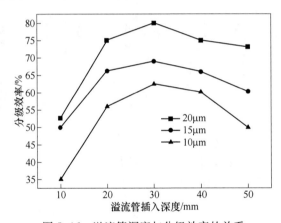

图 5-16　溢流管深度与分级效率的关系

5.2.3.3　溢流管直径的影响

溢流管的结构和尺寸几乎会影响水力旋流器的所有工艺指标。在一定条件下，水力旋流器的生产能力近似正比于溢流管的直径。同时，溢流管的直径还影响着水力旋流器的分离粒度。一般来说，溢流管内径的减小将会使分离粒度减小。

另外，溢流管插入水力旋流器的深度也影响着水力旋流器的分离性能。溢流管插入水力旋流器中，避免了短路流中的颗粒直接进入溢流，有利于提高分离效率。但是，如果插入过深，则缩短了内旋流的高度，较少了颗粒的停留时间，从而使中等粒径的颗粒不易分离出来。

一般来说，溢流管的下端不应位于锥段部分，也不宜位于柱-锥交界面上，还不应高于进料口平面。溢流管的最优插入深度为（1/6~1）D、平均为（1/3~

1/2）D。分别选择不同溢流管直径为 10mm、16mm、22mm、28mm，其他条件不变，X=0 截面速度云图如图 5-17 所示。

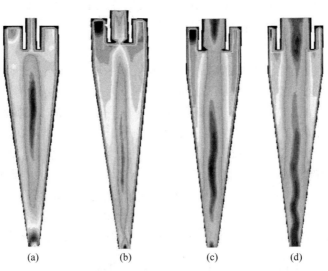

图 5-17 不同溢流管直径 X=0 截面速度云图

（a）$D_0=10$mm；（b）$D_0=16$mm；（c）$D_0=22$mm；（d）$D_0=28$mm

由图 5-17 可知，溢流管主要影响底流口与溢流口的流量分配。在相同压强下，入流速度一样，溢流管直径越大，内旋流的半径也越大，则矿浆更多地从溢流口排出。分流比为底流量与溢流量之比，随着溢流管半径的增大，单位时间内底流口流量减少，这必然导致分级效率的恶化。反之，溢流管半径减小，使得底流中小粒径颗粒增多，分级粒度下降。

如图 5-18 所示，随着溢流管径的增大，对不同粒径的颗粒，分离效率都呈

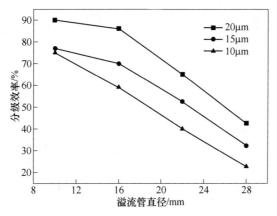

图 5-18 溢流管径与分级效率的关系

下降趋势，当溢流管直径增加到 28mm 时，分级效率相当低，粒径为 15μm 的颗粒在此条件下分级效率仅为 33.23%。但是不能过于减小溢流管直径，可以看到当溢流直径为 10mm 时，15μm 与 10μm 分级效率接近，这意味着降低溢流管直径会使得底流中细颗粒数量增加，即所谓的"夹细"。

5.2.3.4　柱段高度的影响

柱段直径主要影响水力旋流器的分离粒度和生产能力。柱段直径越大，水力旋流器的生产能力越大，然而可以分离的颗粒的粒径也越大。因此，水力旋流器的设计和选用时，应在保证分离粒度的前提下选择大直径的水力旋流器以提高生产效率。另外，对于柱段长度的选择，根据文献，水力旋流器的处理能力和修正分离效率随柱段长度的增加而上升；同时，柱段太长或太短都会减小分离粒度，分离用水力旋流器的柱段长度宜较长。目前，对于旋流器柱段的研究很少，一般认为分离是发生在锥体部分，如图 5-19 所示，颗粒在锥体部分发生分离。然而，对于单颗粒运动轨迹的研究表明，在柱段也会有分离现象。选择柱段高度为 40mm、60mm、80mm、100mm 进行模拟研究，结果如图 5-20 所示。

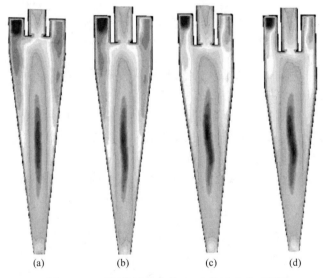

(a)　　　　　(b)　　　　　(c)　　　　　(d)

图 5-19　不同柱段高度的 $X=0$ 截面速度云图

(a) $H=40$mm；(b) $H=60$mm；(c) $H=80$mm；(d) $H=100$mm

从图 5-20 中可以看到，随柱段高度的增加，不同粒径颗粒的分级效率呈下滑趋势。下降幅度最大的是 10μm 的颗粒，最小的是 20μm 颗粒。总体趋势可以看出，随柱段高度的增大，分级效率下滑趋势逐渐趋于稳定。相对而言，柱段高度对于小粒径颗粒的影响更为明显。分级效率的下降意味着分离粒度 d_{50} 的减小，减小柱段高度有利于增大分离粒度。

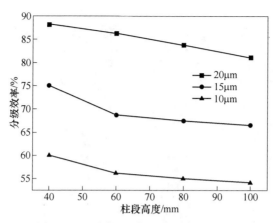

图 5-20 不同柱段高度下颗粒分级效率

5.2.3.5 底流管直径的影响

当溢流口直径确定后，底流口的直径会直接影响水力旋流器的角锥比（溢流管直径与底流管直径之比）。底流口直径增大，水力旋流器的处理能力也将增大。但是，若底流口直径过大，则大部分料液会经底流口排出，水力旋流器的工作过程将会被破坏。同时，底流口的直径增加，在某种程度上能降低分离粒度，提高分离效率，但也会降低底流的固相浓度。通常对于常规的旋流器，其锥角比在 3～4 之间。

对于微细粒旋流器，在确定了溢流管直径大小、插入旋流器深度后，进一步研究底流管直径在 4mm、6mm、8mm、10mm 时对于旋流场产生的变化，如何影响分级效率。

图 5-21 为不同底流管直径下 $X=0$ 截面云图。矿浆在同样给矿压力下进入，可以看到，速度是逐渐降低的。对比四幅图可知，在底流管直径为 10mm 时，溢流管附近的速度最小，可以判断在此条件下，溢流量是四个中最少的，随着底流管直径的减小，溢流管附近的液体流速增加，分析可知，底流管直径减小，锥角不变，使得锥体部分拉长，矿浆在锥体部分运动空间在逐渐减小，迫使矿浆向上运动，所以内旋流的速度是在逐渐升高的，内旋流速度增大必然引起颗粒更大概率的向上运动，使得分级效率下降、分离粒度增大。

图 5-22 所示为不同底流管直径颗粒分级效率。可以看出，对于任何粒级的颗粒，增大底流管直径都可以提高其分级效率。但过度增大底流管直径会让更多矿浆从底流口排出，使得溢流中颗粒变细，底流中粒度范围变宽，降低分级精度。本书研究 20μm 以下的颗粒，综合考虑，选定溢流管直径为 8mm。

5.2.3.6 锥角的影响

水力旋流器的锥段角度减小，分割尺寸将减小，分离效率提高，通常固-液

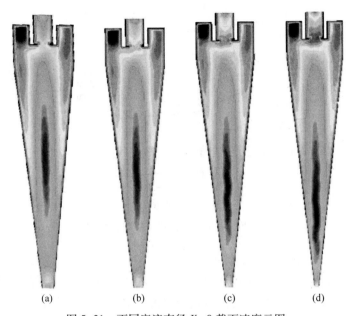

图 5-21 不同底流直径 $X=0$ 截面速度云图

（a）$D_u=10mm$；（b）$D_u=8mm$；（c）$D_u=6mm$；（d）$D_u=4mm$

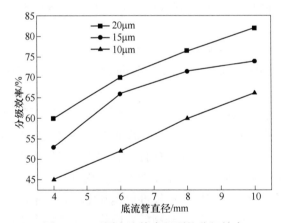

图 5-22 不同底流管直径颗粒分级效率

水力旋流器的锥角为 5°~20°。同时，锥段结构形式也对分离性能有重要影响：抛物线形锥段结构的水力旋流器的修正分离效率高、分离精度高、分流比小；普通光滑直锥水力旋流器的分离粒度最小。对于光滑内壁的水力旋流器，其修正分离效率随锥段内部体积的增加呈线性升高趋势。

在前面模拟的基础上改变不同锥角，模拟锥角范围 6°~14°，结果如图 5-23 所示。可以看到，锥角由小到大变化，旋流器的形状发生变化，锥段部分越来越短。在溢流管附近液体的流速随着锥角的增大而增大，内旋流的区域在变短。

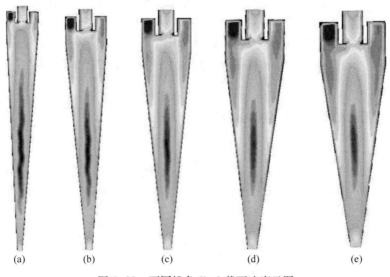

图 5-23 不同锥角 $X=0$ 截面速度云图

(a) 6°；(b) 8°；(c) 10°；(d) 12°；(e) 14°

　　锥角与分级效率的关系如图 5-24 所示，锥角增大，不同颗粒的分级效率均呈下降趋势。比较三条曲线可知，颗粒粒径越小，分级效率受锥角的影响越小。分析可知，在角锥比一定的情况下，锥角越小，则锥体部分越长，颗粒在锥体中运动的时间也就越长，使得颗粒能够更有效的分离，从而提高分级效率。

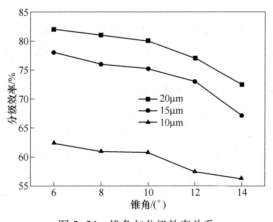

图 5-24 锥角与分级效率关系

　　通过对旋流器工艺因素和结构因素研究发现，对于微细粒矿物颗粒分级，要取得较好的分级效率，应采用的参数如下：浓度不宜太大，10%左右较好；压强尽量取大值，但要考虑能耗和设备损耗，选取 70kPa 的给矿压力；兼顾分级效率与处理量，给矿口直径选择 14mm、溢流管深度为柱段的 1/2，取得的效果较好；溢流管直径为筒径的 0.32；角锥比为 2，即溢流管是底流管半径的 2 倍；柱段长度不宜过大，应为筒径的 0.8 左右；锥角越小，分级效果越好，对于底流直径确定的旋流器，小锥角意味着长锥体，锥角越小，分级效率逐渐趋于平缓，考虑到空间限制，选用 8° 为宜。

5.2.4 工艺条件因素对数值模拟的影响

5.2.4.1 入料压力的影响

设定矿浆浓度为 10%，在原有几何模型的基础上进行模拟，分别选用 10kPa、30kPa、50kPa、70kPa、90kPa 进行模拟。分级效果如图 5-25 所示。

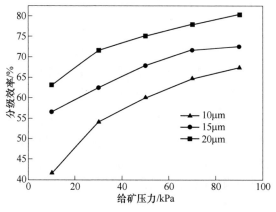

图 5-25 给矿压力与分级效率的关系

由图 5-25 可以看到，随着给矿压力的增加，不同粒径的分级效率均有所增加。这是因为给矿压力增大，相应的矿浆流速就会变大，从而导致离心力的增大，有利于分级效率的提高。

三条曲线形状类似，以 10μm 颗粒的给矿压力与分级效率关系为例，当给矿压力由 10kPa 增大到 30kPa 时，分级效率提高了 11.14%，再次增加 20kPa，分级效率的增大幅度开始降低，仅提高 5.35%；随着压力的不断提高，分级效率也在增加，但增加的幅度却越来越小。因此，单纯靠提高给矿压力的方式来提高分级效率是不可行的。分析原因可知，入料压力的增大，使得旋流场中湍流强度增大，颗粒之间的碰撞，颗粒与器壁之间的碰撞都会增强，使得分级混乱，因而分级效率增大幅度越来越小。

在同一给矿压力下，对比三种粒径的颗粒可知，粒径大的颗粒分级效率高。随着颗粒的增大，其分级效率的差距也在减小。15μm 与 20μm 的颗粒在 70kPa 的条件下，分级效率趋于稳定，分别为 64.27% 与 73.81%，再增加给矿压力对分级效率的影响不大，但是因为给矿压力增大，随之增加的就是处理量。也就是说，在相同的分级效率下，给矿压力越大，从溢流管中逃逸的大颗粒也就越多，造成"跑粗"。同时给矿压力增大，需要的功耗也会增加，对设备的损耗也会加剧。为了获得高的分级效率，又考虑到功耗与对设备的磨损，选择 70kPa 作为 15μm 的给矿压力。

5.2.4.2 矿浆浓度的影响

上小节分析了给矿压力对旋流场和分级效率的影响，确定了给矿压力为 70kPa 左右。本节在 70kPa 的给矿压力下，分析不同给矿浓度产生的旋流场对分级效率的影响，结果如图 5-26 所示。

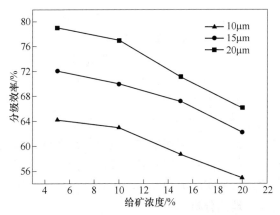

图 5-26　矿浆浓度与分级效率的关系

如图 5-26 所示，对于 10μm、15μm、20μm 的三种颗粒，随着其浓度的增加，分级效率呈下降趋势。当浓度为 5% 和 10% 时，分级效率下降幅度较小，而从 10% 浓度增加 5% 到 15% 时，看到分级效率下降的幅度较大。分析可知，随着浓度的增大，单位时间内流过的颗粒数增多，在固定的空间内颗粒碰撞的几率增大，使得本该从底流口捕集的颗粒被重新扬起，有一定的概率进入内旋流，从溢流管排出；其次，由于给矿压力一定，随着浓度的增大，矿浆的黏度也会随之增大，这使得矿浆进入给料口处的速度会有所降低，速度的减小导致旋流场中的离心力变小，使颗粒的运动半径减小，从而导致分级效率的下降。浓度在 10% 以下，分级效率彼此相差不大，这是由于在此浓度以下，矿浆就很稀了，颗粒之间的碰撞几率很小，而且黏度变化不大，在同样给矿压力下，入流速度基本相同，故分级效率较好。

模拟结果与云锡公司经验得到的结论相同，即处理 20μm 以下的颗粒，矿浆浓度应在 10% 左右。考虑到浓度增大，会加剧旋流器的磨损降低分级效率，同时为了获得较高的分级效率和处理量，确定矿浆浓度为 10%。

5.3 水力旋流器提锌性能试验验证

5.3.1 水力旋流器验证实验的目的和意义

虽然与传统的理论分析、物理实验研究相比，FLUENT 模拟具有诸多优点，在各行业越来越受到广泛的重视，甚至在某些场合已经完全取代了传统的物理试验。但是，在流体力学研究领域，FLUENT 技术并不能完全取代物理实验，主要有以下原因：

（1）湍流机理复杂。湍流的形成和发展机理非常复杂，人们至今也无法对其做出合理的解释。FLUENT 技术建立在成熟的流体力学理论基础上，所以 FLUENT 技术的完善和成熟依赖于流体力学理论的发展完善。

（2）模拟的实际问题的影响因素众多。由于实际流动问题影响因素众多，FLUENT 模拟是在对实际问题进行数学和物理简化的基础上进行的。因此，FLUENT 的模拟结果与实际问题观测数据仍然会有一定的差距，模拟结果的合理性和可靠性依然需要实验结果来检验。

（3）流动模型的准确性有待于实验验证。数值计算中，流动模型都有各自的适用范围和条件，超出这个范围和条件，就会得到不准确甚至错误的结果，而这个适用的范围和条件往往需要通过实验来确定。同时，很多流动模型都是通过理论分析，运用数学方法从实际流动和实验中总结出来的，因此，流动模型的丰富和发展离不开实验和理论分析。

在本书中，虽然通过数值模拟预测水力旋流器的分离性能达到了设计要求，但实际上水力旋流器的工作状况复杂，在水力旋流器的模拟过程中，对其实际工作状况做了一些假设和简化处理。这些假设及简化处理是否合理，所选择的湍流模型是否能够较准确的预测水力旋流器的分离性能，这些都还有待于检验。

5.3.2 水力旋流器的分级过程

图 5-27 所示为水力旋流器的结构示意图。由图 5-27 可见，水力旋流器由切向进入的进料管、带封盖的圆柱段筒体、锥形段筒体、溢流管和底流管组成。其结构虽然简单，但内部流动工况却十分复杂。当呈液固两相流动的由水与固体颗粒构成的冶金尘泥自进料口切向进入圆柱段筒体后在水力旋流器内部主要同时呈现出向下运动的外螺旋流动与向上运动的内螺旋流动。尘泥中的较粗颗粒由于受到圈套的离心力作用，向旋流器壁面运动并随外螺旋流动从旋流器底部的底流管排出。尘泥中的细小颗粒受到的离心力小，因而未来得及沉降就随内螺旋流动从旋流器顶部的溢流管溢出，这样就形成了尘泥中粗细颗粒的分级。这种正常工况出现在进入旋流器的尘泥浓度合宜的情况，如进入的尘泥浓度过高或底流管太

细，底流通过能力不足时，则在底流管会发生颗粒流动不畅或淤塞现象，因而水力旋流器的工作状况，即其脱锌状况和尘泥的可回收利用率和水力旋流器的几何结构尺寸、进料浓度、进料含锌量、进料压力以及尘泥中固体颗粒粒径组成有着密切的关系。

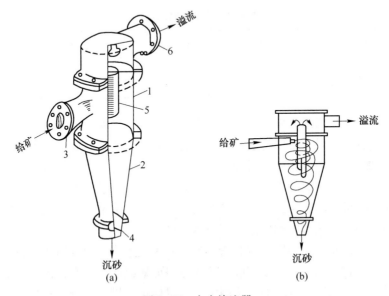

图5-27 水力旋流器

（a）水力旋流器构造；（b）水力旋流器的工作情形

1—圆柱体；2—锥体；3—给矿管；4—沉砂口；5—溢流管；6—溢流管口

5.3.3 水力旋流器提锌验证试验

据资料介绍，国外在20世纪80年代就致力于高炉瓦斯泥的水力旋流脱锌技术的研究，并已在英国的英钢联、美国Bethehem钢铁公司、韩国浦项以及中国台湾的中钢有实际的工程应用，其污泥脱锌率在60%以上，污泥回收率在60%~70%之间，都取得了良好的经济效益和环保效益。这些成功的工程事例，预示着瓦斯泥脱锌回收技术的发展动向以及脱锌技术的丰富多样。

根据掌握的资料和数据表明，利用水力旋流技术对冶金尘泥进行湿法脱锌，是现有尘泥脱锌技术中设备最简单、投资较少、占地面积最小、无二次污染、运行费用最省的技术，有很好的发展前景和推广价值。近年来，已有国外数家钢铁企业采用此法高炉污泥进行脱锌及再利用，但是由于每座高炉的入炉原料配比成分不同，冶炼工艺和技术也有差异，造成瓦斯泥的成分和颗粒特性也不尽相同。因此其他钢铁企业瓦斯泥脱锌的应用实际虽有一定的借鉴作用，但不能照搬照套，必须针对尘泥自身的成分和特性，选择适合的旋流分离器各部件尺寸和处理工艺，才能取得预期的脱锌效果。为此，本书在冶金尘泥原料性质分析的基础上开展了利用水力旋流器旋流分级提锌技术的试验研究工作。

上述水力旋流器工艺条件及结构参数模拟中，已确定的基本参数见表5-2。

表 5-2 旋流器基本参数

参数	柱体直径 D/mm	柱体高 H/mm	锥角 α/(°)	溢流管直径 D_0/mm	溢流管插入深度 H_0/mm	底流管直径 D_u/mm	给矿口直径/mm	给矿浓度/%	给矿压力/kPa
数值	50	40	8	16	20	8	14	10	70

试验时需要测出水力旋流器进口压力、进口矿浆浓度及流量、溢流口及底流口的矿浆浓度及流量，并取得进口冶金尘泥样品、溢流口及底流口的样品，以便进行这三种样品的粒度和化学成分分析。试验目的是为了确定底流管流出的可供回收利用的粗颗粒尘泥的含锌率是否满足炼铁工艺要求以及回收率，即可回收的冶金尘泥固体量占冶金尘泥总固体量的比例为多少。冶金尘泥回收率反映了回收尘泥量的大小，直接影响到旋流脱锌技术的经济效益。

此外，在试验时还需测定进料管、底流管和溢流管中尘泥的颗粒粒径分布，以验证是否已将大部分粒径在 $20\mu m$ 以下的高锌颗粒从溢流管排出。尘泥的固体颗粒质量浓度采用烘干试样的方法测定，对试样进行烘干，分别称出烘干前后质量，其比值即为尘泥试样的质量浓度。

在表5-2的基本参数下进行了提锌试验，测得的溢流管以及底流管的产品分析见表5-3，颗粒粒径分布如图5-28所示。

表 5-3 水力旋流器分级产品分析 （%）

名称	产率	锌		铁		碳	
		品位	回收率	品位	回收率	品位	回收率
溢流产品	27.75	16.07	53.03	12.78	18.23	10.23	13.96
沉砂产品	72.25	5.47	46.97	22.01	81.77	24.21	86.04
合计	100.00	8.41	100.00	19.45	100.00	20.33	100.00

从表5-3中可知，在原料中锌含量为8.41%的条件下，在上述最佳结构及工艺参数下，经水力旋流器分级后，溢流产率为27.75%，且溢流中锌含量很高，富集到了16.07%，同时铁、碳含量较低，因而可以通过水力旋流器的溢流管达到提锌的目的。沉砂产品中铁、碳含量较高，可进入后续的铁、碳分选系统；溢流产品锌含量较高，可进入后续的湿法冶金浸出系统。

同时分别对其溢流及沉砂产品进行了粒度组成分析（图5-28）。由图可见，溢流尘泥颗粒粒径集中在 20μm 以下，主要集中在 5~20μm，这部分的量占到了整个溢流产率的 78.20%；底流尘泥颗粒粒径集中在 20μm 以上，并且每一部分的产率比较均匀。

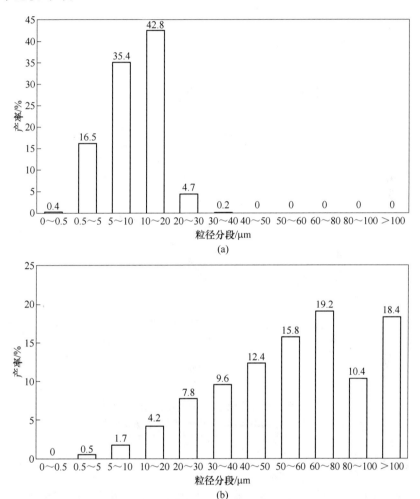

图 5-28　产品粒度检测
(a) 溢流颗粒分布图；(b) 底流颗粒分布图

图 5-29 分别为溢流产品以及底流产品的累积粒度曲线。从图中也可以看出，平均粒度小于 15μm 这部分的累积产率达到了 90%，溢流产品主要是小于 15μm 部分颗粒。同时也可看出，沉砂产品中粗粒级占多数，大于 30μm 的超过了 90%。根据上述数据可以看出，水力旋流器对该冶金尘泥的分级效果较好。

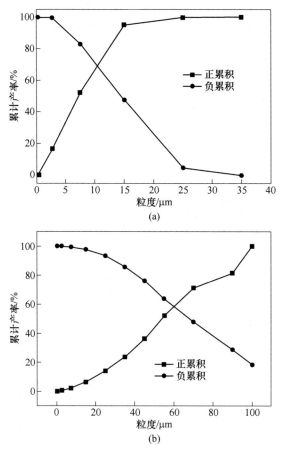

图 5-29 水力旋流器分级产品累积粒度曲线

（a）溢流产品累积粒度曲线；（b）沉砂产品累积粒度曲线

5.4 本章小结

采用 FLUENT 软件对水力旋流器的工艺因素模拟结果可知：给矿压力增大，可提高旋流器的分级效率。压力越大，分级效率越高。但过大的提高给矿压力，会使得能耗增大，且随给矿压力增大，分级效率增大的幅度呈减小趋势。综合考虑，选择 70kPa 较好。对于微细颗粒而言，给矿浓度应降低，不宜高于 10%，这样会提高颗粒的分级效率，增大矿浆浓度会使得分级效果变差。

结构因素模拟表明：给矿管直径对于分级效率和处理量都有影响，当溢流管直径为 12.5mm 时，取得的效果较好；溢流管深度为柱段的 1/2，取得的效果较好；溢流管直径为筒径的 0.32；角锥比为 2，即溢流管是底流管半径的 2 倍；柱段长度不宜过大，应为筒径的 0.8 左右；锥角越小，分级效果越好，对于底流直径确定的旋流器，小锥角意味着长锥体，锥角越小，分级效率逐渐趋于平缓，考虑到空间限制，选用 8°为宜。

在水力旋流器工艺条件及结构参数模拟基础上，确定其基本工艺参数进行提锌验证试验。试验研究表明：溢流尘泥颗粒粒径集中在 20μm 以下，主要集中在 5~20μm，这部分的量占到了整个溢流产率的 78.20%；底流尘泥颗粒粒径集中在 20μm 以上，同时对溢流以及底流取样进行锌含量检验，发现原料中锌含量为 8.41%，经水力旋流器分级后，溢流中锌含量很高，达到了 16.07%，起到了旋流提锌的作用。

6　含锌冶金尘泥铁、碳分选技术研究

经水力旋流器分级后的溢流产品其含锌量高可进入后续的湿法浸出工艺流程，底流中含有较高的铁和碳资源，必须采用合理的工艺流程对其进行提取利用。根据冶金尘泥原料性质，铁矿物大部分以赤铁矿与磁铁矿的形式存在，因此对铁矿物的回收可采用四种工艺：一是弱磁选工艺；二是强磁选工艺；三是重选工艺；四是磁选-重选联合工艺流程。对碳的提取采用浮选的方法，在浮选工艺中主要采用浮选柱。

6.1　旋流-静态微泡浮选柱（FCSMC）

6.1.1　旋流-静态微泡浮选柱结构、原理、特点及应用

6.1.1.1　基本结构与原理

由中国矿业大学研制的旋流-静态微泡浮选柱（FCSMC）是一种新型的柱式分选设备，开始主要以煤炭分选为基础，至今已有 20 多年的研究历史。FCSMC浮选柱主要特点是浮选原理和重选原理（旋流力场）相配合，提高了分选效率；体外配置的射流自吸式节能微泡发生器充气量大、气泡质量好、不堵塞、节能显著；柱体结构采用两段式设计，提高了对物料的分选精度，同时又降低了柱体高度。旋流-静态微泡浮选柱具有高效、节能、处理量大、设备简单可靠、投资省、见效快等优点。

旋流-静态微泡浮选柱的基本结构和原理如图 6-1 所示。它的主体结构包括浮选柱分选段（或称柱分离段装置）、旋流段（或称旋流分离段）、气泡发生与管浮选（或总称管浮选装置）三部分。整个浮选柱为一柱体，柱分离段位于整个柱体上部，它采用逆流碰撞矿化的浮选原理，在低紊流的静态分选环境中实现微细粒物料的分选，在整个柱分选方法中起到粗选与精选作用。旋流分离段采用柱-锥相连的水介质旋流器结构，并与柱分离段呈上、下结构的直通连接。从旋流分选角度，柱分离段相当于放大了的旋流器溢流管。在柱分离段的顶部，设置了喷淋水管和泡沫精矿收集槽；给矿点位于柱分离段中上部，最终尾矿由旋流分离段底口排出。气泡发生器与浮选管段直接相连成一体，单独布置在浮选柱柱体外，其出流沿切向方向与旋流分离段柱体相连，相当于旋流器的切线给料管。气泡发生器上设导气管。

管浮选装置包括气泡发生器与管浮选段两部分。气泡发生器是浮选柱的关键

部件，它采用类似于射流泵的内部结构，具有依靠射流负压自身引入气体并把气体粉碎成气泡的双重作用（又称自吸式微泡发生器）。在旋流-静态微泡浮选柱内，气泡发生器的工作介质为循环的中矿。经过加压的循环矿浆进入气泡发生器，引入气体并形成含有大量微细气泡的气、固、液三相体系。含有气泡的三相体系在浮选管段内高度紊流矿化，然后仍保持较高能量状态沿切向高速进入旋流分离段。这样，管浮选装置在完成浮选充气（自吸式微泡发生器）与高度紊流矿化（浮选管段）功能的同时，又以切向入料的方式在浮选柱底部形成了旋流力场。管浮选装置为整个浮选柱的各类分选提供了能量来源，并基本上决定了浮选柱的能量状态。

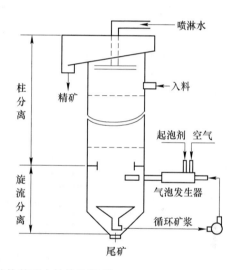

图6-1　旋流-静态微泡浮选柱的基本结构和原理

　　当大量气泡沿切向进入旋流分离段时，由于离心力和浮力的共同作用，便迅速以旋转方式向旋流分离段中心汇集，进入柱分离段并在柱体断面上得到分散。与此同时，由上部给入的矿浆连同矿物（煤）颗粒呈整体向下塞式流动，与呈整体向上升浮的气泡发生逆向运行与碰撞。气泡在上升过程中不断矿化。与其他浮选柱不同的是，气泡一进入浮选柱即被水流很快分散，减少了沿柱体断面扩散所需的路径，从而为降低浮选柱高度创造了条件。

　　旋流分离段不仅加速了气泡在柱体断面上的分散，更重要的是对经过柱分离段分选的中矿以及循环中矿具有再选作用。在旋流力场作用下，两部分中矿按密度发生分离，低密度物料（包括绝大部分气泡和矿化气泡）汇集旋流分离段中部并向上进入柱分离段，再次经历柱分离的精选过程。因此，作为表面浮选的补充，旋流分离段强化了分选与回收。对于煤泥的降灰脱硫，柱分离段和旋流分离段的联合分选具有十分重要的意义。柱分离段的优势在于提高选择性，保证较高的产品质量；而旋流分离段的相对优势在于提高产率，保证较高的产品数量。

最终分离精矿（反浮选为尾矿）从柱体溢流口流入精矿槽，无需刮泡装置；最终尾矿（反浮选为精矿）从柱体底部（即旋流器的底流口）经尾矿箱排出。

旋流分离段的底流口采用倒锥型套锥结构，把经过旋流力场充分作用的底部矿浆机械地分流成两部分：少量微细气泡以及大量中间密度物料进入内倒锥，单独引出后作为循环中矿；而大量高密度的粗颗粒物料则由内外倒锥之间排出，成为最终尾矿。循环中矿作为工作介质完成充气并形成旋流力场。倒锥型套锥结构具有以下功能：（1）减少了高灰物质循环对分选的影响；（2）中矿循环恰好使一些中等可浮性的待浮物在管浮选装置内实现高度紊动矿化；（3）减少了循环系统，特别是关键部件自吸式微泡发生器的磨损，保证了设备的正常运转，延长了设备寿命。因此，倒锥型套锥结构对整个分选作业具有十分重要的意义。

微泡发生器结构（图6-2）：气泡发生器是旋流-静态微泡浮选柱的关键部件，它采用类似于射流泵的内部结构，分为喷嘴、吸气室、喉管、扩散管四部分，具有依靠射流负压自身引入气体并把气体粉碎成气泡的双重作用，故又称自吸式微泡发生器。

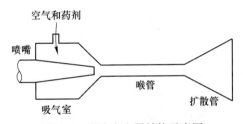

图 6-2　微泡发生器结构示意图

由泵送来的矿浆，从喷嘴高速喷出时，矿浆的部分动能转变为势能，使吸气室产生负压，吸入空气及起泡剂。喷嘴通过吸气室与喉管相连接，喷嘴喷出的矿浆和吸入的空气、起泡剂一起进入喉管，在此发生能量交换。气、液、固三相强烈混合，一部分空气被搅拌粉碎成气泡，在与矿粒碰撞中产生矿化气泡，另一部分空气则溶入高速液流中。当液流从喉管进入扩散管时，混合液流速度突然减小，压力陡然降低，使在喉管内溶入矿浆的空气随压力降低而重新析出，成为一种具有活性的微泡，这种微泡有利于微细矿粒的浮选，从而使旋流-静态微泡浮选柱具有良好的浮选选择性及较高的精矿产率。旋流-静态微泡浮选柱的发泡器属于外部发泡器。

气泡发生器内按射流运动的步骤可分成三部分：液体与气体相对运动段、液滴运动段、泡沫流段。与其他成泡方式相比，射流粉碎成泡具有先进性，它所生成的气泡更加细小，以平均能量耗散为基础的理论计算表明，气泡发生器产生气泡的临界尺寸为 $260\mu m$。

　　稳流板的作用：如图 6-1 所示，旋流−静态微泡浮选柱的柱体由浮选段和旋流段两部分组成，旋流段的下部为中矿出口，中矿浆由此处被泵吸出，加压后通过微泡发生器充气混合，从旋流段的上部切向给入，其重产品沿旋流段锥壁下降，经尾矿口排出。而气、液、固混合液流作为旋流器溢流，上升进入浮选段的捕集区，未与气泡附着的矿粒则随着中矿流向下运动，到旋流段再循环。旋流段的上升流和浮选段的下降流相撞，使捕集区内液流严重混杂，也干扰了旋流段中旋流力场的分选作用。在浮选段下部与旋流段交界处设置稳流板，理顺了上升流和下降流的流向，使捕集区内的液流变成"柱塞"状的有序流态，各种物料流互不干扰，保证了浮选效果的进一步改善。浮选柱内设置的稳流板层数也是影响柱浮选效果的因素之一，稳流板的主要作用是稳定泡沫层，稳流板层数多，会导致浮选柱的处理量降低。稳流板的层数是否合理，要根据被浮矿物颗粒性质等来确定，一般以 3~4 层为宜。

6.1.1.2　旋流−静态微泡浮选柱特点

　　旋流−静态微泡浮选柱属于多种矿化组合型的中高型浮选柱，它具有以下特点：

　　（1）具有中矿循环作用。旋流−静态微泡浮选柱利用循环泵将大量的中矿加压后打入浮选柱内再次分选，使得在完成粗选的同时也完成了扫选作业，增加了难浮中矿的上浮机会，显著降低了尾矿品位，减轻了后续扫选作业的负担。

　　（2）具有微泡分选作用。旋流−静态微泡浮选柱采用射流负压的方式产生微细气泡，该气泡具有尺寸小、数量多和分散度高的特点，使其与矿物颗粒碰撞、矿化的机会显著增多。另外，大量微细气泡上浮的速度较慢，基本上处于层流状态，这有助于气泡与矿物颗粒间的黏附，促进气泡矿化，从而提高精矿的回收率。

　　（3）具有静态分选作用。在浮选分选段采用筛板作为充填物，可缓和由于旋流分选段所造成的矿浆的高度紊流，创造了一个既有利于气泡矿化，又有利于气泡上浮的相对静态的分选环境。

　　（4）具有梯级优化分选作用。旋流−静态微泡浮选柱构建了层流−紊流−管流的分选环境，这一分选环境的紊流强度不断增加，正好与矿物颗粒在旋流−静态微泡浮选柱越来越差的可浮性的变化相适应，因而提高了矿物颗粒与气泡碰撞矿化的概率，优化了难浮矿物颗粒分选，提高了回收率。

　　（5）旋流−静态微泡浮选柱还具有结构简单、易操作和处理量大的优点。

6.1.1.3　旋流−静态微泡浮选柱研发与应用

A　旋流−静态微泡浮选柱的研发进展

　　旋流−静态微泡浮选柱的研发和应用范围主要包括煤用浮选柱设备和矿用浮选柱设备。

a 煤用柱分选设备的产业化

在"九五"国家重点科技攻关项目的支持下，旋流-静态微泡浮选柱在煤泥浮选领域得到了极大的推广和应用，已形成了产业化规模和优势。旋流-静态微泡浮选柱在煤泥中，先后形成了低灰及超低灰煤泥工艺、高灰细煤泥工艺、煤炭深度脱硫降灰工艺及常规煤泥浮选工艺等各个领域的成功应用。目前，旋流-静态微泡浮选柱已经在400余家选煤厂煤泥分选工艺推广了500台以上设备，不仅工艺流程简洁、操作方便，而且具有选择性好、分选效率高、分选指标优良、能耗低等特点。浮选床系列设备也得到了广泛的推广应用，适应煤炭高处理量的特点。

b 矿用柱分选设备的系列化

在煤泥分选领域成熟推广应用的基础上，成功构建了适用于非煤矿物的高效矿用旋流-静态微泡柱分选技术。根据我国矿产资源"贫、细、杂"的特点，认为提高矿产资源回收率的关键在于降低分选粒度下限，同时提高分选效率。中国矿业大学在煤用浮选柱成功研制的基础上，针对矿物与煤炭在组成上的差异，进行了多年矿用微泡柱分选方法与技术的研究，经过"十五"期间的努力，已初步形成了适合矿物分选的矿用微泡柱分选方法，并成功应用于铁、铜、钨、钼、锡和萤石等，其应用范围还在不断扩大，并已完成了直径从150~3600mm等系列矿用旋流-静态微泡浮选柱的设计开发与加工生产，为旋流-静态微泡浮选柱在各种矿物分选领域的工业应用打下了坚实的基础。

B 旋流-静态微泡浮选柱在金属矿分选领域的应用

通过"十五"科技攻关项目的努力，旋流-静态微泡浮选柱设备金属矿分选领域相继取得了成功的应用，并形成了自己的特色与优势，不仅完成了浮选机-浮选柱联合分选工艺，更在一些矿山企业实现了浮选柱全流程分选工艺。同时，其特有的柱式分选工艺与其他常规浮选柱工艺相比，分选段数减少，能耗降低。

a 磁铁矿柱式全流程分选工艺

旋流-静态微泡浮选柱在鞍钢集团弓长岭矿业的应用表明：采用柱式一粗二扫柱式全流程分选工艺，相比该厂一粗一精及中矿再磨磁选、尾矿回收的浮选机工艺，不仅实现了简化流程去掉磁选部分"大尾巴"工艺而且分选指标也优于浮选机工艺；在与浮选机工艺同样的入料条件下，可以获得精矿品位69.15%、磁铁矿回收率95.81%、尾矿品位22.37%的指标，与浮选机工艺相比在精矿品位持平的同时，精矿产率提高1.27%、回收率提高1.27%、一级品率提高2.13%、合格率提高2.27%，尾矿品位比浮选机尾矿低11.78%、比回收机尾矿产品低4%。

b 钨粗选柱式全流程分选工艺

旋流-静态微泡浮选柱在湖南柿竹园公司千吨选厂的应用表明：采用一粗一

精两段柱式分选工艺，可以取代原有一粗二精三扫浮选机工艺；在入料品位稍低的条件下，钨精矿品位提高 4%、回收率提高 2%，同时药耗减少 20%、电耗降低 30%，不仅工艺得到了简化，而且降低了生产成本，经济效益和社会效益显著。

综上所述，浮选柱具有结构简单、高效节能、对微细粒分选效果较好等特点。选矿研究人员对浮选柱结构和原理等方面进行不断地研究和开发，使浮选柱在矿物分选领域的应用范围和程度不断加大，浮选柱设备与工艺已成为浮选工艺的新潮流。

6.1.2 旋流-静态微泡浮选柱分选过程分析

旋流-静态微泡浮选柱的分选方法主要有旋流分选作用、射流微泡分选作用、管流矿化分选作用以及梯级优化分选作用。

6.1.2.1 旋流分选作用

旋流-静态微泡浮选柱的三相旋流分选体系如图 6-3 所示。在旋流-静态微泡浮选柱下部的旋流分离段，由于离心力场的存在，矿物颗粒与气泡的碰撞速度要远大于常规浮选设备内的碰撞速度，从而提供了一种高效的矿化方式，强化了对矿物的分选效果。同时由于离心力场的存在，可以使浮选的粒度下限远小于重力场下浮选粒度下限，因而提高了对微细粒物料的回收能力。此外，离心力使得从下部给入的内部循环中矿呈旋流上升，从而使呈整体向下塞式流动的矿浆受到

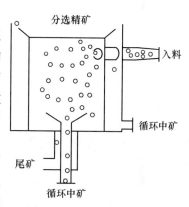

图 6-3 三相旋流分选体系

一定的阻力，下降速度（相当于干扰沉降）减慢，矿物颗粒在浮选柱内与气泡逆向碰撞的时间和机会增加，矿化效率高，品位梯度大。

旋流力场是重力与离心力相互作用的结果，相比于常规浮选机，旋流-静态微泡浮选柱的旋流分选具有以下作用：

（1）旋流力场降低了浮选下限。

分选粒度下限为：

$$d_k = 3\left[(3v_k\mu)/(2\Delta\rho d_b\alpha)\right]^{0.5} \qquad (6-1)$$

式中　d_k——固体颗粒的粒度，mm；

　　　v_k——颗粒运动速度，mm/s；

　　　μ——水黏度，Pa·s；

　　　$\Delta\rho$——矿物与水的密度差，kg/m³；

　　　α——离心强度，即离心加速度与重力加速度的比值；

d_b——气泡直径，mm。

式（6-1）表明，浮选的粒度下限与离心强度密切相关。随着离心强度的增加，浮选的粒度下限粒度迅速下降。因此，旋流力场能够对粒度更细的物料进行有效分选。

（2）旋流力场增加了矿化速度。

矿化速度：

$$v_{kq} = 2\omega^2\gamma(\Delta\rho d_k^2 + 2d_b^2)/18v \qquad (6-2)$$

式中 ω——矿粒与流体的旋转角速度，rad/s；

γ——矿粒与流体的旋转半径，mm。

式（6-2）表明，旋流力场条件下的颗粒与气泡的碰撞和矿化速度随角速度的增大而增加，所以旋流分选中颗粒的矿化速度要远大于柱浮选的气泡与颗粒的矿化速度，也要比浮选机内的碰撞速度能量大。

（3）旋流力场提高了浮选速度。

根据 Van Camp 研究，一阶浮选速度常数 K 直接与离心强度的大小呈比例：

$$K = \alpha^n \qquad (6-3)$$

式中 α——离心强度；

n——参数，$15<n<100$。

显然，旋流力场的应用将使浮选速率大幅度提高。以上表明，旋流力场可以使浮选取得重力场条件下难以达到的效果，浮选粒度下限进一步降低，浮选速度进一步加快。

6.1.2.2 射流微泡分选作用

旋流-静态微泡浮选柱利用循环泵将中矿加压，再进入类似射流泵内部结构的气泡发生器，该装置具有依靠中矿的射流负压自身吸入气体并把气体粉碎成微泡的双重作用。理论计算和实践都表明其产生的微泡尺寸一般要小于常规浮选机内的气泡，而微泡的分选作用效果是明显的：（1）同等充气量条件下，气泡尺寸越小，数量就越多，气泡比总表面积就越大，因而直接增加了气泡与矿物的附着机会，提高了浮选回收能力；（2）由于浮选的粒度下限与气泡直径大小呈正比，气泡尺寸的减小相当于降低了浮选的粒度下限，因为微泡的形成是微细粒物料回收率提高的先决条件；（3）由于射流产生的微泡直径小，微泡周围多呈现层流状态，使得微细粒物料容易吸收且不易脱落。

6.1.2.3 管流矿化分选

管流矿化利用了射流原理，通过引入气体以及成泡，在管流中形成循环中矿的气、液、固三相体系，并实现了紊流矿化。管流矿化沿切向与旋流分选相连，形成中矿的循环分选。含气、液、固三相的循环矿浆沿切线高速进入旋流段后，在离心力作用下做旋流运动，气泡和已矿化的气固絮团向旋流中心运动，并迅速进入浮选段，气泡与从上部给入的矿浆反向运动、碰撞并矿化实现分选。

由循环泵高度加压的中矿在通过具有射流形式的气泡发生器后进入浮选管段，这一过程除了产生高能量的中矿和射流形成的大量微泡外，还提供了一个高度紊流的环境，高能量的中矿颗粒与大量的微泡在这个高度紊流的环境中实现高速的碰撞与矿化。同时由于这部分高能量中矿的量是浮选柱入料的 4~5 倍（循环泵的入料量），因而就相当于对较为难浮的中矿实现多重循环的高度紊流矿化，大大强化了对这部分难选中矿的回收效果。

6.1.2.4 梯级优化分选

旋流-静态微泡浮选柱分选过程包括柱分选、旋流分选和管流矿化三部分，其梯级优化示意图如图 6-4 所示。

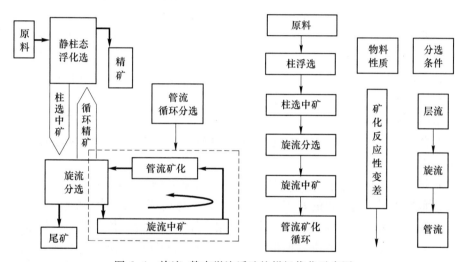

图 6-4 旋流-静态微泡浮选柱梯级优化示意图

当提锌后的原料给入到柱体时，首先经过的是柱浮选过程，柱浮选的层流分选环境能够保证得到高质量的泡沫产品与相对难选的柱选中矿；随后的旋流分选段主要是由于离心力场的存在，使流体紊流度相对较高，从而能够对柱选中矿进一步分选，并将其中易浮矿物返回至柱分选段，其下部则得到更难选的旋流中矿；管流矿化段通过前面提到的气泡发生器和浮选管段之间的管流矿化作用，产生了大量微泡、高能量中矿与高度紊流的分选环境，从而有利于强化对旋流中矿回收能力。整个梯级优化分选的特点是：随着分选过程的进行，易浮的矿物会优先浮出，相对难浮的矿物则进入下一分选过程，因而物料的可浮性越来越差；与此同时，构建了层流-旋流-管流的矿化分选环境，这个分选环境从上至下，流体的紊流度不断增加并且实现了内部循环，这样就提高了颗粒与气泡碰撞、矿化的概率与强度，从而实现了可浮性较差物料的分选。

6.1.3 柱浮选工艺参数

6.1.3.1 给矿浓度

给矿浓度是影响浮选柱选别指标的主要因素之一，为了得到较好的选别指标，需确定合适的给矿浓度。相对于选煤来讲，浮选比重较大的矿物一般应采用较高的给矿浓度，一般在35%~45%之间，这有利于提高回收率和减少浮选药剂的消耗。处理粒度较细或容易发生泥化的矿石时，宜采用浓度较低的矿浆，而处理粒度相对较粗的矿石时，宜采用较浓的矿浆。

对于反浮选来讲，浮选过程中，矿浆较稀时，可以使气泡充分弥散，虽然底流精矿品位较高，但回收率较低。但给矿浓度过高时，可能导致精矿不能及时排出，柱体底流浓度过高，气泡通过回收区的阻力相应增大，气泡上升困难，而使得精矿品位下降。当浓度达到适宜程度时，再增高浓度，回收率反而下降，这可能是由于浓度过高，捕收剂与目的矿物颗粒接触的机会相对减小，矿浆没有得到充分分选，使得目的矿物随尾矿一起排走，进而导致精矿回收率的下降。

6.1.3.2 循环泵压力

循环泵压力是影响浮选柱分选指标的重要参数之一。旋流-静态微泡浮选柱本身没有能量，其能量来源主要在于循环泵能量的不断输入，进而实现柱体内部矿浆的连续有效分选。

循环泵压力的大小直接影响到柱体内部旋流力场的强度以及充气速率的大小，进而关系到分选效果的好坏。压力越大，柱体内部旋流力场的强度越大，但在不调整充气阀门的前提下，充气速率也相应加大，浮选过程中产生的气泡也就越多，矿物与气泡接触的机会也相应增加，但过量的气泡会使一些不该上浮的物料随泡沫相排出，导致底流产品回收率和泡沫相品位下降，底流产品品位上升；同时，循环泵压力的增大，浮选柱底部循环泵入料口处较高的向下流速，可能使得向下的矿浆流大于气泡上浮速度，导致部分中矿和泡沫从浮选柱底部的排料口排出，影响分选指标。反之，循环泵压力过小，柱体内部旋流力场的强度实现不了充分分选矿浆的目的，势必会直接降低分选指标。只有在循环泵压力适当和充气速率相匹配的情况下，才能获得较高的分选指标。

6.1.3.3 矿物解离度对分选指标的影响

将浮选柱用于疏水性矿物和亲水性矿物的分选是比较容易的。然而实际的分选物料并非想象中的理想化物料，浮选柱的分选效果也并非那么有效。

对于连生体矿物来讲，浮选柱的选择性起着关键作用。因为连生体矿物在矿物性质组成上存在较大差异，一部分矿物表面可能需要抑制剂来使其成为疏水性，一部分矿物又需要使用捕收剂对其进行捕集。此时，浮选柱就发挥不了提高精矿品位的优越性，未解离的有价矿物不是进入精矿就是进入尾矿中，从而导致精矿品位和尾矿回收率的降低。

6.1.3.4 给矿量（给矿速度）及中矿循环量

入料的适量与稳定是提高浮选柱分选效果的必要条件之一。浮选柱处理能力的大小决定了给矿量的大小，给矿量即给矿速度影响着矿物颗粒在浮选柱内的滞留时间。给矿速度决定了矿物的浮选时间，也直接影响着选矿厂的处理量，给矿速度越大，处理量越大。

中矿循环的作用是使矿浆充分发泡，矿粒有更多的机会与气泡接触再选，因此中矿循环量的大小也是影响分选效果的重要因素之一。中矿循环量过小时，矿浆与气泡接触机会少，回收率低；中矿循环量过大时，势必造成不必要的能量损耗。

在柱式浮选试验中，由于浮选柱是中上部给矿，主要由蠕动泵将矿浆打入到浮选柱最上部，再靠重力作用由给矿管在浮选柱的中上部给矿，当给矿速度即给矿量过低时，就会使给矿困难，当给矿量过高时可能会造成排尾困难甚至堵塞，给矿速度决定着浮选柱的给矿量，给矿量的增加会大大减少矿物在浮选柱中的停留时间，增加浮选速率，从而提高选厂的处理量，但也会使精矿的回收率降低；采用蠕动泵排矿，如果给矿量过大会造成排尾系统堵塞，增加排尾难度。因此，进行试验时应综合考虑实际条件和设备的额定处理量对给矿量进行调整。

6.1.3.5 泡沫层高度

在浮选柱精矿区的上部是附着精矿（反浮选为尾矿）颗粒的泡沫层。泡沫层高度是决定精矿品位的重要参数，较深的泡沫层，可以使矿化泡沫二次富集作用加强，提高浮选的选择性，并为不良的截面控制提供缓冲，从而显著地提高精矿品位，但会减小捕集区的容积，降低回收率。但是，泡沫层过厚，会使泡沫自身太重而破裂，破裂时可以在矿化泡沫区看到有涡流产生。

浮选柱分选过程中要求泡沫层应保持适当的厚度，泡沫层太厚或太薄都会影响浮选效果。规格为 $\phi 2.4m \times 10m$ 的 CPT 浮选柱在德兴铜矿大山选矿厂应用时，泡沫层厚度一般保持在 500~1500mm 之间。保持泡沫层的厚度实际上就是要稳定浮选柱内部的液位，而影响浮选柱内部液位的因素有三个：一是给矿量的变化；二是尾矿排放量的变化；三是中矿循环量的波动。一般是通过调节尾矿的排放量来保持液位的稳定性。合适的泡沫层厚度应以刚好能排净泡沫间夹带的矿物杂质为宜，这与泡沫的溢出速度、泡沫层的含水情况、冲洗水的位置及速度均有关系。泡沫层夹带的杂质可在矿浆界面以上数厘米范围内排出。因此，浮选柱可采用相对较薄的泡沫层。实验室小规格浮选柱的泡沫层厚度的参考值一般为30~150mm。

6.1.3.6 充气量

在泡沫浮选的过程中，由于被浮矿物表面经浮选剂处理后，形成了疏水性的表面而附着于气泡上浮。任意两种流体都会与固体表面先进行接触，然后逐渐地附着，最后会产生浸没或展开现象，其过程可以概括为一种流体在固体表面被另一种流体部分或全部被排挤或取代的过程，这是一种可逆的物理过程。充气是将空气送入矿浆中，并使之弥散成大量微小的气泡，以使疏水性矿粒附着在气泡表面上。充气量是指矿浆中充入空气的体积，通常以充入矿浆中的空气体积与总矿浆体积之比作为度量单位，称为充气系数（即气含率）。充气系数一般以 0.25 ~ 0.35 为宜。

充气量，即充气速率，也指单位时间内每平方米浮选面积充入的空气量，决定了柱浮选过程中的气泡产生的多少以及气流在浮选柱内的上升速度，也是控制柱浮选分选指标的重要因素之一。充气量被认为是浮选柱控制中最灵活、最敏感的参数。它常以气流表观流速来表示，它与气泡直径有关，而气泡直径又决定了其携带能力的大小。

若不考虑柱体直径的影响，则充气量也可用充气速度表示，它们呈如下关系：

$$v = \frac{3P_c}{D_b} J_g \tag{6-4}$$

式中　v——浮选速度；

　　　J_g——充气速度，即表观充气速度；

　　　P_c——碰撞概率；

　　　D_b——气泡直径，mm。

该式表明，充气速度 J_g 的增加可提高浮选速度，一般情况下，充气速度 J_g 在 1 ~ 3cm/s 之间。

微泡发生器的充气量对被浮矿物的数量、质量均有直接影响，它与其工作压力、长径比、面积比（喉管与喷嘴）均有关系。一般认为，无论长径比和面积比如何变化，充气量都随工作压力的增加而增大，而当长径比和面积比均较小时，工作压力的增加对充气量变化的影响较小，随着两个比值的增加，这种变化的影响更加显著。充气量基本上也是随面积比同时增长，但当工作压力较低时，充气量先是随着增加，之后却又呈下降趋势。至于充气量和长径比的关系，在工作压力较高时呈正比关系，而在低压时则呈反比关系。因此，微泡发生器结构参数的选择是否恰当，对其工作性能和效率有很大影响，其结构的优化在工业浮选柱的设计中具有重要意义。

矿浆搅拌使矿粒均匀悬浮并使空气很好弥散，形成大量活性气泡，促进矿粒和气泡的接触碰撞。适当加强充气和搅拌对柱浮选有利，但应当依浮选柱类型与结构而定。

强化充气作用，可提高浮选速度，提高回收率；而充气过量，会造成矿浆夹带至泡沫产品中，降低产品的质量。但在特定的空气表面速率下，气泡的特性会改变并降低回收率，该准确值基于气泡的大小、气泡的承载能力和矿浆的流速，通常在特定的流量范围内，增加空气流量将会：

（1）降低精矿品位；

（2）增加精矿的回收率到最佳值后又开始下降；

（3）降低精矿的固体含量百分比。

浮选不同物料对气泡的大小也有不同要求，一般并不是气泡越小越好，气泡过小浮力有限，会影响到浮选指标。气泡的大小和数量与发泡装置的材料、气体压力、流体静压力、气泡的表面性质、气泡质量及液体流态等因素有关。为了降低气-液界面张力，便于气泡的产生，经常采用添加表面活性剂的方法。表面活性剂的种类和数量也是浮选作业的重要参数。

浮选柱气泡大小的观测主要有光学探测、声学探测、电子探测等方法。由于浮选柱浮选过程是矿浆与气泡之间复杂三相体相互作用的过程，测量气泡大小的准确性均存在不完善的地方。例如，图像学方法，气泡的大小与分布通过观测、计数由透过玻璃壁传出的气泡图像而得，其主要缺点是气泡易发生变形。测量气泡大小及其分布也可通过摄像法获得，缺点也是气泡变形且不易测量。近年来，研究浮选柱的充气性能、气泡大小、发泡规律等主要根据经验模型计算等方法。

6.1.3.7 矿浆温度

矿浆温度在矿物浮选过程中起着至关重要的作用，直接影响着浮选效果和浮选指标的好坏，主要由于两方面的要求需要调节适宜的矿浆温度：一是浮选用药剂的本身性质要求，有些药剂要在一定的温度下才能够发挥其作用。例如，在非硫化矿的浮选中，大多数使用脂肪酸类或脂肪胺类为捕收剂，这些药剂在矿浆中不易溶解且溶解度会随温度高低而变化，为了提高药效要相应地提高矿浆温度，减少药剂的使用量降低生产成本，如工业生产上用阴离子脂肪酸类捕收剂对赤铁矿进行反浮选，使用此捕收剂矿浆的浮选温度为 35~40℃。二是有些特殊工艺的要求，有些硫化矿的分离浮选时需要将混合精矿进行一定的加温，从而强化抑制剂的抑制作用、促使吸附到矿物表面的捕收剂能够顺利解吸等。本书研究中的试验矿样为冶金尘泥经水力旋流器的底流产品，采用柴油作为捕收剂进行浮选工艺，在工业生产上使用此捕收剂矿浆的温度一般为常温 25℃，在进行试验时不需要将矿浆加温，因此整个浮选过程矿浆温度为室温保持不变。

6.1.3.8 冲洗水量（喷淋水量）

冲洗水，即喷淋水是浮选柱正常运行必不可少的因素，水质好坏、水量大小至关重要，是保证精矿泡沫层得到正常自流的重要因素。浮选柱使用冲洗水的目的在于迫使泡沫间的杂质随水流向下运动进入尾矿，克服了细粒因水力夹带进入泡沫层，有利于泡沫层的富集，从而提高富集比，这是提高浮选柱选择性的一个重要举措。冲洗水的一部分随泡沫一起溢出，但大部分冲洗水通过泡沫向捕集区流去。尾矿中的单位面积水量与给矿中的单位面积水量之差，称为偏流（Bias）。为了有效地进行分选，常采用正偏流，即从尾矿排出的水量大于给矿进入水量。但偏流过高，尾矿品位上升，指标反而恶化，偏流值以 0.1~0.2cm/s 为宜。为了保证精矿产率，减少精矿损失，冲洗水用量不宜过大，可取低值。

6.1.3.9 柱浮选时间

柱浮选时间的长短直接影响分选指标的好坏。柱浮选时间过长，精矿内有用成分回收率增加，但精矿品位下降；柱浮选时间过短，虽对提高产品品位有利，但会使尾矿品位增高。一般当矿物的可浮性好、被浮矿物的含量低、柱浮选的给矿粒度适当、矿浆浓度较小、药剂作用快、充气搅拌较强时，所需的柱浮选时间就较短；反之，就需要较长的柱浮选时间。柱浮选时间可以从 1min 变化到 1h，通常介于 3~15min 之间。每个柱浮选工艺都有适宜的柱浮选时间，各种矿物最适宜的柱浮选时间要通过试验确定。

6.1.3.10 柱浮选药剂制度

柱浮选药剂对选别指标也有重大影响。药剂种类和数量在矿石可选性研究试验中确定，加药地点及方式则在生产中选取和修正改进。在一定范围内，增加捕收剂与起泡剂的用量，可提高柱浮选速度和改善柱浮选指标，但用量过大也会恶化柱浮选。同样，抑制剂用量也应适当，过大或过小均不利于柱浮选。捕收剂用量的多少与抑制剂用量的多少呈正比。一般混合捕收剂比单一捕收剂的效果好。如果浮选柱需要支持一个很厚的泡沫层，那么就要选择起泡性能较强的浮选药剂，只有保持了较厚的泡沫层才能对精矿进行冲洗，实现强化的二次富集作用。另外，矿浆与药剂应有足够的搅拌强度，或者实现药剂乳化。搅拌的目的是使矿物颗粒悬浮，提高药剂作用效果，并使气泡与矿粒达到有效的接触。同时，药剂和矿浆要有一定的接触时间，以便分散的药剂黏附在矿粒上。

6.1.3.11 磨矿细度

矿物中矿物的解离，也是柱浮选试验之前必须解决的关键问题。在柱浮选中对粒度的要求，主要考虑两方面：一是矿物的单体解离度，应当是磨矿细度达到矿物单体解离度，对于中低品位难选矿石，可根据矿石嵌布特性选定一个细度，一般选取一个比矿物基本单体解离更细的磨矿粒度；二是矿物颗粒的自身重力要小于黏附在气泡上的上升浮力，即小于矿物浮选粒度上限。一般情况下，粒度上限为非金属矿 0.5~1mm、金属矿 0.25~0.3mm。

6.1.3.12 旋流-静态微泡浮选柱在选矿回路中的工艺配置

浮选工艺的优化配置必须在满足浮选高效率和操作方便的前提下进行，以追求利益最大化为根本目标，包括简化浮选工艺流程、减少运转设备的运行费用、保证设备的高效稳定运行、减轻设备维修量、降低成本和节约投资等。

目前，矿用旋流-静态微泡浮选柱在国内矿山浮选回路中的应用还处于初始阶段。此外，选矿不同于选煤，它所处理的对象种类复杂、繁多，而且对分选精度的要求也比较严格，还没有形成统一的比较稳定、可靠的浮选柱浮选回路工艺配置。

对于不同的矿物浮选，均应有适合各自的一套柱浮选工艺流程。在选矿行业，目前还没有形成一套稳定可靠、适应性强的柱浮选工艺分选系统，要想实现柱浮选回路中最佳工艺的配置，还应针对不同的矿物，寻找出各自适宜的最优配置，尤为重要的是要在浮选回路中试验浮选柱。就旋流-静态微泡浮选柱浮选柿竹园有色金属公司萤石矿而言，柱浮选采用的是一粗三精流程，可稳定获得高品位合格萤石精矿；相比于浮选机一粗二扫九精二精扫的十四段选别，流程结构大大简化。在磁铁矿反浮选方面，通过一段粗选，即可获得高品位铁精矿，再经过扫选，可提高铁精矿回收率。

6.2 含锌冶金尘泥选碳条件试验研究

旋流-静态微泡浮选柱是一种新型的浮选设备，影响浮选柱分选指标的因素较多，主要包括矿石性质、药剂制度、矿浆浓度、浮选工艺流程以及浮选柱本身的结构参数等。本节在浮选机探索试验的基础上，结合浮选柱特点和实际条件，采用一粗三精开路流程，主要进行了粗选药剂用量、充气量和淋洗水量对浮选指标影响的试验，试验装置如图 6-1 所示，试验流程如图 6-5 所示。

浮选柱工作时，矿浆由搅拌桶中的给矿泵送入给矿器，并从浮选柱给矿器的下端托盘由于重力原

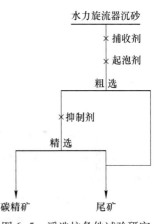

图 6-5　浮选柱条件试验研究

因均匀洒出。气泡发生器采用高分子材料制成，孔径为 $20\sim30\mu m$，在亲水环境中气泡的大小为 $2\sim3mm$，基本上稳定。气体经空压机加压后进入气泡发生器后，产生大量微细的气泡，气泡均匀地分散于整个浮选柱的断面上，与经过药剂处理的矿浆对流接触碰撞，疏水性好的矿粒附着在气泡上并随气泡上升至泡沫层，从而达到二次富集的效果。没有被气泡矿化的矿粒作为尾矿，从下部尾矿管排出。

6.2.1　浮选柱粗选条件试验

6.2.1.1　捕收剂用量试验

捕收剂主要作用于矿物-水界面，排开矿物表面的水化膜，提高矿物表面的

疏水性，进而增加矿物与气泡的碰撞概率及黏附的牢固程度。捕收剂的用量对分选效果有着最直接的影响，因此，在浮选过程中应控制好捕收剂的用量，从而得到理想的选别指标。浮选流程的捕收剂采用柴油，利用旋流-静态微泡浮选柱按图6-5的流程进行试验。

粗选试验条件为：起泡剂2号油用量为25g/t，矿浆浓度为10%，捕收剂采用柴油，充气量为0.32m³/h，淋洗水量为0.01m³/h。柴油用量对浮选效果的影响见图6-6。

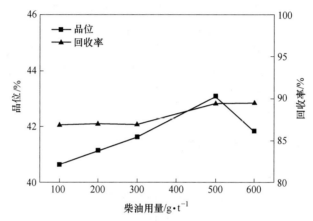

图6-6 柴油用量对浮选指标的影响

由图6-6可以看出，随着柴油用量的增加，碳精矿品位呈先升高后降低的趋势，而回收率则是先降低后升高。当柴油用量为500g/t时，碳精矿品位为43.06%、回收率达到89.44%。再继续增加柴油的用量，回收率虽有所上升，但碳精矿品位下降幅度较大，故500g/t为粗选适宜的捕收剂用量。

6.2.1.2 起泡剂用量试验

起泡剂是一种表面活性物质，主要作用是在气-水界面上降低界面张力，促使空气在料浆中形成微小气泡，扩大浮选分选界面，并保证气泡顺利上升形成泡沫层。

起泡剂是一种极性物质，其分子结构不对称，起泡剂的一端为极性基（亲水部分）、另一端为非极性基（疏水部分）。当起泡剂加入充气的矿浆中时，起泡剂分子即在水气界面上形成定向排列，其极性基（亲水部分）朝水、非极性基（疏水部分）朝气，在气泡的表面形成一定厚度的水层，从而提高了气泡的稳定性。起泡剂分子的这种不对称结构特征，是其成为杂极性有机物具有起泡剂作用的内在因素。

经查阅相关文献，对市场上多种起泡剂使用进行冶金尘泥分选试验，所得的效果对比见表6-1。

表 6-1　不同起泡剂分选冶金尘泥效果对比　　　　（%）

种　类	仲辛醇	混合醇	杂醇	酯油	2 号油
回收率	36	20	32	15	55

根据表 6-1 的试验对比结果，本次试验采用 2 号油作为浮选碳的起泡剂。

在选矿浓度为 10%，捕收剂用量为 500g/t，在起泡剂用量为 0g/t、10g/t、15g/t、25g/t、30g/t 的条件下进行浮选试验，试验结果见图 6-7。

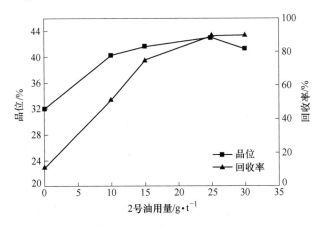

图 6-7　2 号油用量对浮选指标的影响

由图 6-7 可以看出，随着 2 号油用量的增加，碳精矿的品位呈先升高后降低的趋势，回收率呈逐渐升高的趋势。当 2 号油用量为 25g/t 时，此时碳精矿的品位为 43.09%、回收率为 89.47%。后随着 2 号油用量的继续增加，回收率增加但是碳精矿品位有所降低。这主要是由于随着起泡剂用量的增加，增加了浮选柱内部的气含率，而过大的气含率会使浮选柱内泡沫在上浮过程中夹杂的脉石矿物浮出，从而降低了碳精矿的品位。因此起泡剂的用量定为 25g/t。

6.2.1.3　浮选柱泡沫层高度试验

参考厂家提供的此浮选柱的适宜泡沫层高度为 30cm，因此在 30cm 的高度上下进行调整，试验结果见图 6-8。

由试验结果可知，随着泡沫层高度的升高，精矿品位逐渐增加，回收率先下降然后上升。当泡沫层高度升至 25cm 时，精矿品位开始下降，回收率开始增加。当泡沫层厚度由 30cm 增加到 35cm 时，精矿品位由 45.10% 降低至 42.13%、回收率由 92.34% 提高到 93.12%，可以看出虽然回收率提高了 0.78%，但是品位降低了 2.97%，因此综合考虑回收率和精矿品位，选择泡沫层高度为 30cm，此时碳精矿的品位为 45.10%、回收率为 92.34%。

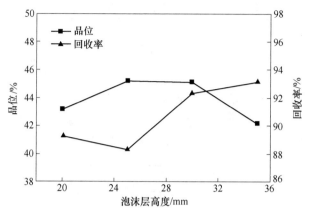

图 6-8 泡沫层厚度对浮选指标的影响

6.2.1.4 充气量试验

在浮选过程中，引入大小适宜、数量均匀的气泡对浮选过程会产生积极的影响。只有符合要求的气泡才能更好地与颗粒进行碰撞，达到良好的矿化结果，承载着矿粒浮至矿浆表面，被分选开来，才能得到较好的选别指标。而充气量直接决定生成气泡的数量及大小，并影响矿物颗粒与气泡的碰撞几率。

浮选柱浮选过程中，在循环泵的循环作用下，管中流态形成负压，利用自吸式吸入空气中的气泡，并粉碎成微细气泡。试验中浮选柱中充气量的改变通过调整充气流量计的阀门实现。采用上述试验确定的浮选药剂制度，在其他条件稳定的情况下改变充气量，浮选柱的充气图见图 6-9，试验结果见图 6-10。

图 6-9 浮选柱充气图

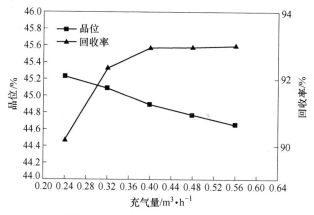

图 6-10 充气量对浮选指标的影响

从图 6-10 中可以看出，随着充气量的增加，碳精矿品位降低而回收率升高。说明充气量增加，气流在浮选柱内的上升速度加快，矿浆搅动作用加强，使细粒的石英、长石等脉石矿物随气流夹带进入到精矿中，所以精矿品位降低。

实际上，充气量过高时，浮选柱内矿浆层与泡沫层已无明显界限，矿物颗粒整体处于悬浮状态，分选指标变差，所以充气量应有一适宜的值，根据试验结果选取合适的充气量为 $0.32m^3/h$。

6.2.1.5 淋洗水量试验

浮选柱中淋洗水量是影响浮选指标的重要因素。在浮选柱分选中，需要较大的充气量才能将矿化泡沫托举起来，但是会导致浮选夹带现象严重，降低碳精矿的品位。淋洗水的作用就是利用上方给入的水流与上浮的矿化泡沫逆向运动，利用水流将夹杂的脉石矿物冲洗进入矿浆层中。利用上述试验确定的最佳工艺条件，改变淋洗水量进行了试验，试验结果见图 6-11。

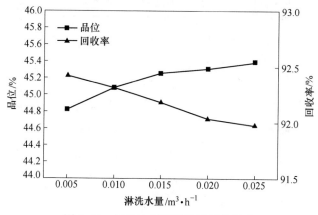

图 6-11 淋洗水量对浮选指标的影响

从图6-11中可以看出，随着淋洗水量的增加，碳精矿品位随之增加而回收率降低。当淋洗水量大于0.015m³/h时，碳精矿品位增加幅度变小，而回收率降低较为明显。因此，根据试验结果淋洗水量定为0.015m³/h，此时碳精矿产率为59.47%、品位为45.26%、回收率为92.18%。

6.2.1.6 矿浆浓度试验

浮选矿浆浓度主要影响设备的单位时间处理量，即浓度越高，单位时间处理量越大。矿浆浓度是影响浮选过程的重要因素之一。矿浆浓度的变化将影响矿浆的充气程度、矿浆在浮选设备内的停留时间、药剂的体积浓度以及气泡的矿化过程等。浮选浓度对矿浆在柱体中的分选行为也有影响，过高的浓度会使矿粒碰撞加剧，影响选别指标，同时由于矿浆黏度变大，尾矿容易随泡沫一起上浮进入到精矿产品中，从而降低精矿品位，因此浓度并非越高越好，浮选流程中矿浆浓度一般为25%~45%，有时矿浆浓度可高达55%固体和低到8%固体。一般浮选比重较大的矿物一般应采用较高的矿浆浓度，这有利于提高回收率和减少浮选药剂的消耗。处理粒度较细或容易发生泥化的矿石时，宜采用较低的矿浆浓度，而处理粒度相对较粗的矿石时，宜采用较高的矿浆浓度。

因此，在上述试验的基础上进行了矿浆浓度试验研究，试验结果见图6-12。由图6-12可知，随着矿浆浓度从5%增加到30%，碳精矿的品位呈现降低的趋势，回收率则先增加后降低。矿浆浓度为5%时，碳精矿品位达到了最大，此时的回收率是88.37%。继续增大矿浆浓度，碳精矿的品位开始下降，这可能是由于浓度过高，捕收剂与目的矿物颗粒接触的机会相对小，矿浆没有得到充分分选，使得目的矿物随精矿一起排走，进而导致精矿品位的降低，但是回收率出现升高的趋势。当浓度为10%时，碳精矿品位下降到了45.26%，但是回收率提高到92.23%。综合考虑碳精矿的品位和回收率，选用矿浆浓度为10%时的浮选效果最佳，此时碳精矿品位为45.26%、回收率为92.23%。

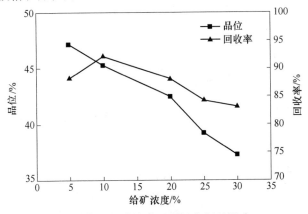

图6-12 矿浆浓度对浮选指标的影响

6.2.2 浮选柱精选条件试验

经过上述试验，确定了粗选的工艺参数和操作条件为：柴油用量为 500g/t，2 号油用量为 25g/t，矿浆浓度为 10%，充气量为 0.32m³/h，淋洗水量为 0.015m³/h。

在精选工艺试验中，由于粗选精矿中有一定数量的铁矿物，因此为了提高碳精矿的品位，因此在精选中加入淀粉作为抑制剂，试验流程见图 6-13，结果见表 6-2。

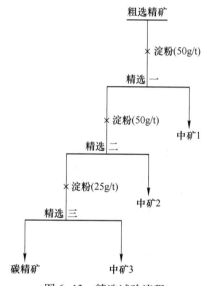

图 6-13　精选试验流程

表 6-2　精选试验结果 (%)

产品名称	作业产率	品　位	作业回收率
碳精矿	46.44	74.21	76.23
中矿 1	29.45	15.12	9.85
中矿 2	16.49	24.23	8.84
中矿 3	7.62	30.17	5.09
合　计	100.00	45.21	100.00

从表 6-2 中可以看出，粗选精矿经三次精选后，可以获得作业产率为 46.44%、品位为 74.21%、作业回收率为 76.23% 的碳精矿。同时也可以看出，每次精选后的中矿品位都比较高，一次精选后的中矿品位为 15.12%、作业回收率为 9.85%；二次精选后的中矿品位为 24.23%、作业回收率为 8.84%；三次精

选后的中矿品位为30.17%、作业回收率为5.09%。

6.2.3 浮选柱开路流程试验

在上述粗选试验及精选试验的基础上进行浮选柱开路试验，开路试验流程见图6-14，结果见表6-3。

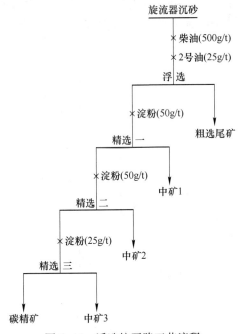

图6-14 浮选柱开路工艺流程

表6-3 浮选柱开路试验结果 （%）

产品名称	作业产率	品 位	作业回收率
精矿	22.95	74.21	70.30
中矿1	14.55	15.12	9.08
中矿2	8.15	24.23	8.15
中矿3	3.77	30.17	4.69
尾矿	50.58	3.72	7.77
合 计	100.00	24.23	100.00

由表6-3可知，经过一粗三精浮选开路工艺流程，可以得到碳精矿作业产率为22.95%、品位74.21%、作业回收率为70.30%的技术指标。试验结果表明，利用浮选柱适宜从冶金尘泥中回收碳精矿，分选效果良好，充分体现了浮选柱回收能力强、选择性好、富矿比高等特点。同时可以看出，精选后的中矿品位都比较高，如果直接和粗选的尾矿进行合并，则会导致碳损失至尾矿中，降低碳的回

收率,因此后续进行了闭路流程试验。

6.2.4 浮选柱闭路流程试验

浮选闭路试验是在实验室的设备上对实际生产过程进行模仿的一种试验,是为了考察循环物料的影响。它的作用主要有:考察中矿返回是否影响浮选指标;调整由中矿循环而引起的药剂用量变化,考察由中矿矿浆带来的矿泥、有害固体以及可溶性物质是否累计,以及它们是否对浮选指标产生影响;对初步确定的浮选流程进行检验与校核,确定能够取得的浮选效果,为生产过程提供试验依据。

在确定了最佳药剂用量、浮选浓度、精选和扫选次数的条件下,对水力旋流器的沉砂产品进行了浮选闭路试验,试验流程及条件见图 6-15,试验结果见表 6-4。

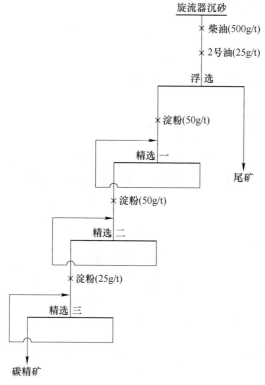

图 6-15 浮选闭路工艺流程

表 6-4 浮选闭路试验结果 (%)

产品名称	作业产率	品 位			作业回收率		
		碳	铁	锌	碳	铁	锌
精矿	24.45	73.48	10.81	3.26	74.39	12.03	14.69

产品名称	作业产率	品 位			作业回收率		
		碳	铁	锌	碳	铁	锌
尾矿	75.55	8.19	25.58	6.12	25.61	87.97	85.31
合计	100.00	24.15	21.97	5.42	100.00	100.00	100.00

通过对水力旋流器的沉砂产品进行一粗三精的浮选闭路流程试验后，可以获得作业产率为 24.45%、品位为 73.48%、作业回收率为 74.39%的碳精矿产品，同时也可以看出，铁、锌均在尾矿中有所富集。

上述试验均为实验室小型实验，可以根据各自的要求选择浮选流程进行半工业试验，从而提高分选效率，为以后的浮选柱放大工业应用提供试验依据。

6.3 含锌冶金尘泥选铁试验研究

冶金尘泥中铁的富集回收方法和效果，取决于铁矿物组成、含量等性质，与矿物来源和冶炼工艺等有关。本研究以上述浮选选碳的尾矿为研究对象，为寻找适宜的选矿工艺和技术参数，采用弱磁选、重选、强磁选三种工艺方法，进行了系列流程试验。

6.3.1 弱磁选试验研究

在不同磁场强度下对浮选后的尾矿产品进行了弱磁选试验，第一段磁场强度为 15000e，第二段磁场强度为 10000e。磁选试验流程如图 6-16 所示，试验结果如图 6-17 所示。

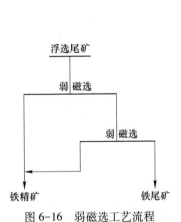

图 6-16 弱磁选工艺流程

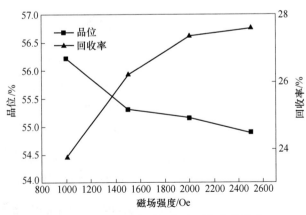

图 6-17 磁场强度对品位及回收率的影响

从图 6-17 中可以看出，随着磁场强度的增加，铁精矿品位降低而回收率呈升高的趋势。虽然铁精矿的品位达到 56%，但是作业回收率较低，最高回收率不超过30%，说明冶金尘泥中磁铁矿含量低，因此采用单一弱磁选的方法回收铁是不可取的。

6.3.2 强磁选试验研究

高梯度磁选是一种新型高效的选矿方法，高梯度磁选机是在强磁选机的基础上发展起来的一种新型的、作用于细粒上的磁力大大超过以前工艺设备的强磁选机。它的特点是：通过整个工作体积的磁化场是均匀磁场，这意味着不管磁选机的处理能力大小在工作体积中任何一个颗粒经受在任何其他位置的颗粒所受到的同等的力；磁化场均匀的通过工作体积，介质被均匀地磁化，在磁化空间的任何位置，梯度的数量级是相同的，但和一般的磁选机相比，磁场梯度大大提高，提高了10~100倍，这样为磁性颗粒提供了强大的磁力来克服流体的阻力和重力，使微细粒弱磁性颗粒可以得到有效的回收。

试验时采用Slon-100湿式高梯度强磁选机（图6-18），该磁选机是赣州金环磁选设备有限公司开发和推广的一种高效、稳定、节能的强磁湿选设备，主要由转环、感应介质、铁轭、励磁线圈、脉动机构、支架和进出矿斗及冲水装置组成。其转环立式转动，环内装有含铬不锈钢聚磁感应介质，磁介质在背景磁场中感应出非常强的感应磁场，进而通过感应出的高强磁场对物料进行分选。给入的矿浆沿上铁轭缝隙流经转环，转环内的磁介质在很强的背景磁场中被磁化，磁介质表面形成梯度极高磁场，矿浆中磁性颗粒便被吸着在磁介质表面，随转环转动被带至顶部的无磁场区，再通过冲洗水将磁性物料冲入精矿斗中，非磁性颗粒沿下铁轭缝隙流入尾矿斗中排走。

图6-18 湿式高梯度强磁选机

该设备背景磁场强度高，分选区背景磁场都可达到 1T 以上且均匀分布，可做到分选区磁场无漏点；在低电流控制，电控部分运行稳定，元器件为常用器件，便于维修；励磁部分采用恒流源控制，分选磁场强度可任意调节以达到最佳分选效果；整机耗电量低，采用隔离变压器，有效防止触电现象的发生，使设备更加安全。Slon 湿式高梯度强磁选机的优点，其在许多弱磁性矿物分选中得以应用。

根据试验矿样性质以及 Slon 湿式高梯度强磁选机的特点，本试验对冶金尘泥进行了实验室试验研究，实验流程如图 6-19 所示。

6.3.2.1 磁场强度试验

采用 Slon-100 湿式高梯度强磁选机在分选浓度 30%、脉动冲程 8mm、冲次 200 次/min、$\phi = 2mm$ 棒介质条件下进行强磁选试验，磁场强度分别为 4000Oe、5000Oe、6000Oe、7000Oe，试验结果见图 6-20。

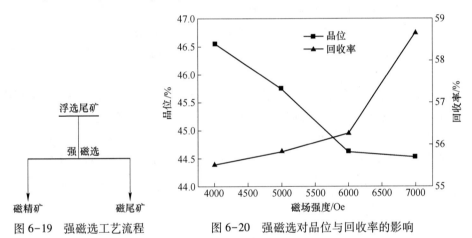

图 6-19　强磁选工艺流程　　　　图 6-20　强磁选对品位与回收率的影响

从图 6-19 中可以看出：精矿品位随着磁场强度的增大而降低，但回收率却升高，这是由于随着磁场强度的增加，磁性矿物颗粒所受的磁力增强，磁团聚现象也随之增多，一部分脉石矿物或与脉石伴生的磁性矿物也被夹带入精矿中，所以精矿的品位降低，回收率则升高。综合强磁选精矿品位与回收率，最佳磁场强度为 4000Oe，此时精矿品位为 46.56%、作业回收率为 55.51%。

6.3.2.2 脉动冲次试验

在分选浓度 30%、脉动冲程为 8mm、$\phi = 2mm$ 棒介质的条件下，考查脉动冲次对分选指标的影响，试验结果见表 6-5。

表 6-5　强磁选脉动冲次试验结果

脉动冲次/次·min⁻¹	产品名称	作业产率/%	品位/%	作业回收率/%
200	精矿	30.43	46.56	55.51

脉动冲次/次·min⁻¹	产品名称	作业产率/%	品位/%	作业回收率/%
200	尾矿	69.57	16.32	44.49
	原矿	100.00	25.52	100.00
250	精矿	30.24	48.23	57.38
	尾矿	69.76	15.53	42.62
	原矿	100.00	25.42	100.00
300	精矿	27.89	50.12	54.67
	尾矿	72.11	16.07	45.33
	原矿	100.00	25.57	100.00

由表 6-3 可知：随着脉动冲次的提高，铁精矿品位逐渐提高，而回收率呈先升高后降低的趋势，综合考虑精矿品位与回收率，250 次/min 为较佳的脉动冲次，此时铁精矿的品位为 48.23%、作业回收率为 57.38%。

6.3.2.3 棒介质直径试验

在分选浓度 30%、脉动冲程为 8mm、脉动冲次为 250 次/min 的条件下，分别考查了棒介质直径 ϕ 为 1mm、2mm、3mm、4mm 对分选指标的影响，试验结果见表 6-6。

表 6-6　强磁棒介质直径试验结果

棒介质直径/mm	产品名称	作业产率/%	品位/%	作业回收率/%
1	精矿	31.20	45.23	55.17
	尾矿	68.80	16.67	44.83
	原矿	100.00	25.58	100.00
2	精矿	30.24	48.23	57.38
	尾矿	69.76	15.53	42.62
	原矿	100.00	25.42	100.00
3	精矿	29.10	48.02	54.77
	尾矿	70.90	16.27	45.23
	原矿	100.00	25.51	100.00
4	精矿	29.73	46.75	54.32
	尾矿	70.27	16.64	45.68
	原矿	100.00	25.59	100.00

由表 6-6 可知，随着高梯度磁选机的棒介质直径的增大，铁精矿品位呈先升

高后降低的趋势，同时回收率也呈先升高后降低的趋势，综合考虑铁精矿品位与回收率，适宜的棒介质直径为$\phi=2mm$，此时铁精矿的品位为48.23%、回收率为57.38%。由于精矿品位较低，因此强磁选的精矿产品很难作为高炉入炉原料直接使用。

6.3.3　重选试验研究

重选作为一种古老的选矿方法是借助于有用矿物和脉石之间的密度差异而实现分选的。进入20世纪后，重选的重要性随着磁选和浮选等选矿技术的发展和应用有所降低，然而随着环境保护意识的增强以及药剂费用和含药选矿污水净化费用的上涨，重选以其无污染、能耗低、配置容易、选矿成本低、建设快等优点，在现代选矿中扮演着独特而重要的角色。

选矿中常用的重选设备有螺旋溜槽、摇床、悬振锥面选矿机等，下面对其三种设备分别进行了提铁试验研究。

6.3.3.1　摇床分选试验

影响摇床分选的因素很多，如给矿浓度、坡度、冲洗水量、给矿量、冲程冲次等。本试验进行了给矿浓度、冲洗水量、摇床坡度试验。

A　给矿浓度试验

给矿浓度和给矿体积对摇床的选别有很大的影响，给矿浓度过大，矿浆黏度大，流动性变坏，许多重矿物不能得到分层分带；若给矿浓度过稀，除了会降低摇床的生产率外，还会使细粒精矿损失于尾矿。适宜的给矿浓度应保证矿浆有充分的流动性和矿粒在床面上的分层分带作用。摇床较正常的给矿浓度一般为15%~30%。

取试验矿样，采用XCY-73型1100×500刻槽摇床，在冲程12mm、冲次320次/分、床面坡度2.5°、冲洗水量0.21t/h的条件下，进行不同给矿浓度试验，给矿浓度分别为30%、25%、20%、15%，试验流程见图6-21，试验结果见表6-7。

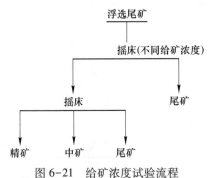

图6-21　给矿浓度试验流程

表 6-7 给矿浓度摇床试验结果 （%）

给矿浓度	产品名称	作业产率	TFe 品位	作业回收率
15	精矿	23.20	55.12	50.12
	中矿	25.17	17.23	17.00
	尾矿	51.63	16.24	32.88
	给矿	100.00	25.51	100.00
20	精矿	27.26	53.41	57.17
	中矿	24.17	18.23	17.30
	尾矿	48.57	13.39	25.53
	给矿	100.00	25.47	100.00
25	精矿	29.57	52.17	60.23
	中矿	23.78	18.03	16.74
	尾矿	46.65	12.64	23.03
	给矿	100.00	25.61	100.00
30	精矿	29.82	50.78	59.41
	中矿	24.17	12.11	11.48
	尾矿	46.01	16.13	29.11
	给矿	100.00	25.49	100.00

由表 6-7 可知，随着给矿浓度的增加，精矿品位呈逐渐降低的趋势，而精矿回收率呈先升高后降低的趋势。当给矿浓度介于 25%~30% 时，增加给矿浓度不仅使得精矿品位降低，同时精矿回收率也有所降低。综合考虑，该试验中给矿浓度定为 25%，此时铁精矿的品位为 52.17%、作业回收率为 60.23%。

B 冲洗水量条件试验

摇床的用水量包括两部分：一部分是随原矿一起给入的给矿水，另一部分是直接给到床面上的冲洗水。横向水流需调节适当，一方面应使床层足以松散，并保证最上层的轻矿物能被水流冲走，为此必须使床面上的水层能覆盖床层。但是，另一方面又必须保证密度大的矿粒能在床面上沉降，所以横向水速与水量又不宜过大。冲洗水的用量与床面横向坡度有关，在一定范围内"大坡小水"和"小坡大水"可以获得相近的选别效果。当坡度增大时，可以减少冲洗用水量，但是减少冲洗用量而增大坡度的办法，将会使不同密度的矿物分带变窄。当要求重矿物的质量较高时，一般都是采用较小的坡度而增大冲洗水的办法。冲洗水与床面坡度是操作中经常调节的因素，当两者调节适宜时，在床面上就会使分层区水流分布均匀、不起波浪、矿砂不成堆、精选区分带明显、带宽而薄、床面无矿区宽度合适。

根据前述条件试验，在矿浆浓度为 25%、床面坡度 2.5°的条件下进行了冲洗水量试验，冲洗水量分别定为 0.45t/h、0.32t/h、0.21t/h。试验流程见图 6-22，结果见表 6-8。

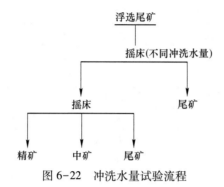

图 6-22 冲洗水量试验流程

表 6-8 不同冲洗水量试验结果

冲洗水量/t·h⁻¹	产品名称	作业产率/%	TFe 品位/%	作业回收率/%
0.21	精矿	29.57	52.17	60.23
	中矿	23.78	18.03	16.74
	尾矿	46.65	12.64	23.03
	给矿	100.00	25.61	100.00
0.32	精矿	29.18	54.25	62.01
	中矿	22.93	18.05	16.21
	尾矿	47.89	11.61	21.78
	给矿	100.00	25.53	100.00
0.45	精矿	26.37	55.21	57.12
	中矿	23.58	18.91	17.49
	尾矿	50.05	12.93	25.39
	给矿	100.00	25.49	100.00

由表 6-8 可知，随着冲洗水量的增加，精矿品位逐渐增大，回收率呈先升高后降低的趋势，当冲洗水量从 0.32t/h 增大到 0.45t/h 时，精矿品位虽然增加了 0.96%，但是作业回收率却降低了 4.80%，因此冲洗水量可定为 0.32t/h 左右，此时铁精矿的品位为 54.25%、作业回收率为 62.01%。

C 摇床坡度条件试验

横向坡度主要影响矿粒的横向运动速度。增加坡度可使水流的速度加大，一般处理细粒物料时，坡度宜小些，处理粗粒物料时，坡度宜大些。坡度可在 0°~10°范围内调节。对于不同物料的坡度可以采用下列数值作为参考：小于 2mm 的粗粒级用 3.5°~4°；小于 0.5mm 的物料用 2.5°~3.5°；小于 0.1mm 的细粒物料用 2°~2.5°；对于矿泥（-0.074mm）采用 2°左右。应当注意的是，坡度的选择要与水量很好地配合起来。

由于冶金尘泥矿样粒度较细，因此坡度应尽量取较小值。取原矿平行试样 3 份分别进行不同摇床坡度试验，其他分选条件同上不变，试验结果见表 6-9。

表 6-9　摇床坡度试验结果

坡度/(°)	产品名称	作业产率/%	TFe 品位/%	作业回收率/%
2	精矿	29.19	54.12	61.78
	中矿	23.45	19.41	17.80
	尾矿	47.36	11.02	20.42
	给矿	100.00	25.57	100.00
2.5	精矿	29.18	54.25	62.01
	中矿	22.93	18.05	16.21
	尾矿	47.89	11.61	21.78
	给矿	100.00	25.53	100.00
3.5	精矿	25.51	55.71	55.79
	中矿	21.86	19.17	16.45
	尾矿	52.63	13.43	27.76
	给矿	100.00	25.47	100.00

从表 6-9 可以看出，摇床坡度对摇床产品影响较大。当摇床坡度为 2.5°时，此时铁精矿产率为 29.18%、品位为 54.25%、作业回收率为 62.01%，因此本次试验确定摇床的坡度为 2.5°。

D　综合条件试验研究

在上述条件试验的基础上，分别选择各影响因素中较好的数据即在给矿浓度 25%、冲洗水量 0.32t/h 和冲程 12mm、冲次 320 次/min，床面坡度 2.5°条件下进行综合研究，试验结果见表 6-10。

表 6-10　综合条件摇床试验结果　　　　　　　　　　　（%）

选别条件	产品名称	作业产率	TFe 品位	作业回收率
给矿浓度 25%、冲洗水量 0.32t/h 和冲程 12mm、冲次 320 次/min，床面坡度 2.5°	精矿	29.33	54.31	62.33
	中矿	23.12	18.17	16.44
	尾矿	47.55	11.41	21.23
	给矿	100.00	25.56	100.00

由表6-10可知，通过单因素水平选优进行综合条件试验，可以获得品位54.31%、作业回收率62.33%的铁精矿，但回收率相对较低。分析其原因，可能是由于一部分铁精矿在摇床分选过程中损失至中矿及尾矿产品中，造成中矿及尾矿产品铁品位偏高。

同时根据选矿试验研究结果，若对精矿品位要求不高时，采用重选工艺流程处理高炉冶金尘泥是比较适宜的方法，既可以回收强磁性矿物和弱磁性矿物，同时对冶金尘泥的适应性强，工艺流程简单、易行，便于生产操作和管理。

6.3.3.2 螺旋溜槽分选试验

螺旋选矿设备是一种高效的重力选矿设备，螺旋选矿设备分为螺旋选矿机和螺旋溜槽两种，螺旋槽的断面形状不同是两者的主要区别。螺旋选矿机的螺旋槽内表面横截面呈椭圆形，内缘开有精矿排出孔，一般适合处理粒级较粗的物料；而螺旋溜槽的槽面较宽较平缓，矿浆呈层流流动的区域较大，适合处理中细粒级的物料。

A 螺旋溜槽分选基本原理

作为流膜类重选设备的典型代表，螺旋溜槽基本分选原理为：不同密度矿物颗粒在自上而下螺旋结构形成的特殊的矿浆流场中运动，在重力、离心力、浮力和螺旋溜槽底摩擦力等力的联合作用下，沿着不同的运动轨迹的运动，从而实现矿粒的松散、分层、分带，最终获得不同密度的精矿、中矿、尾矿多个产品而实现分选。分选的内因是颗粒的物理性质（密度、形状）差异，而外因则在于分选空间内特殊的流场。在螺旋溜槽的工作表面，液流不仅具有绕轴的螺旋运动（切向流速即一次环流），而且在横断面内还存在着断面环流（径向流速即二次环流）。

空间流场内的一次环流与二次环流构成螺旋槽内所特有的三维空间的"复合螺旋线"运动，这也是螺旋溜槽与其他重力选矿设备相比在流态结构上的最特殊之处。

B BL400螺旋溜槽结构特点

BL400螺旋溜槽主要由分矿器、支架、螺旋槽、截矿槽、接矿斗组成，其中螺旋槽是螺旋溜槽的关键部件，其断面曲线的选择对于选矿指标有决定性的影响。对于较粗粒级的物料，采用纵向和横向倾斜角较大的坡角设计，可以获得更利于粗颗粒分选的紊流增强的流态。为了满足较细粒级的物料的选别，采用的螺旋槽断面形状应更为平缓些。

C 螺旋溜槽分选试验

试验对溜槽给矿浓度、给矿量等进行了条件试验。试验结果表明，在给矿浓度20%~30%、给矿量0.5~0.6t/h时具有较好的分选效果。试验流程见图6-23，试验结果见表6-11。

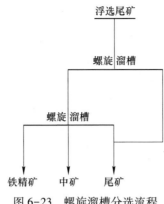

图 6-23 螺旋溜槽分选流程

表 6-11 螺旋溜槽分选试验结果 （%）

产品名称	作业产率	TFe 品位	作业回收率
精矿	29.70	52.78	61.45
中矿	23.78	19.17	17.87
尾矿	46.52	11.34	20.68
给矿	100.00	25.51	100.00

从表 6-11 中可以看出，浮选尾矿经螺旋溜槽分选后可以获得作业产率为 29.70%、品位为 52.78%、作业回收率为 61.45% 的铁精矿。

6.3.3.3 悬振锥面选矿机分选试验

悬振锥面选矿机是一种新型重选设备，与传统重选设备相比，在微细粒分选方面具有显著优势。广西某锡选厂用悬振锥面选矿机处理矿泥，重选精矿中 0.037~0.019mm 粒级中的锡占精矿总锡的 80%。湘西金矿沃溪选矿厂用悬振锥面选矿机处理尾矿细泥，一次选别即可获得金品位为 3.96g/t、回收率为 59.39% 的金精矿。

鉴于悬振锥面选矿机在处理微细粒方面的显著优越性，将采用该设备对浮选尾矿进行提铁试验，为此类资源的有效开发利用提供数据支撑。

A 悬振锥面选矿机的结构与工作原理

悬振锥面选矿机（图 6-24 和图 6-25）是依据拜格诺剪切松散理论和流膜选矿原理研制而成的新型微细粒重选设备。

悬振锥面选矿机由主机、分选面、给矿装置、给水装置、接矿装置、电控系统等六大部分组成。设备结构如图 6-24 所示。行走电动机驱动主动轮带动从动轮在圆形轨道上做圆周运动，从而带动分选面做匀速圆周运动；同时，振动电动机驱动偏心锤做圆周运动，使分选面产生有规律的振动。

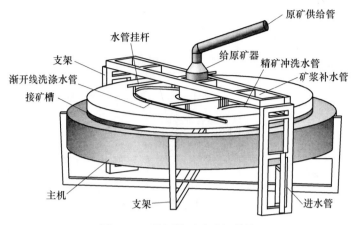

图 6-24 悬振锥面选矿机结构

(a)

(b)

图 6-25 悬振锥面选矿机实物图

当搅拌均匀的矿浆从分选锥面中心的给矿器进入盘面初选区时，矿浆流即成扇形铺展开向周边流动，在其流动过程中流膜由厚逐渐变薄，流速也随之逐渐降低。矿粒群在自身重力和旋回振动产生的剪切斥力的作用下在盘面上适度地松散、分层。圆锥盘的转动将不同密度的矿物依次带进尾矿槽、中矿槽和精矿槽，从而实现了对矿物的有效分离。

分选锥面上矿层的分布符合层流矿浆流膜的结构，最上面的表流层主要是粒度小且密度小的轻矿物，该层的脉动速度不大，其值大致决定了粒度回收的下限，大部分悬浮矿粒在粗选区即被排入尾矿槽。中间的流变层主要由粒度小而密度大的重矿物和粒度大而密度小的轻矿物组成，该层的厚度最大，拜格诺力也最强。由于该层粒群的密集程度较高，又没有大的垂直介质流干扰，故分层能够接近按静态条件进行，所以流变层是按密度分层的较有效区域。随着设备的转动，部分矿物在中矿区洗涤水的分选作用下被排入中矿槽。最下面的沉积层主要是密度大的重矿物，颗粒粒度的分布规律靠近圆锥顶上方粒度细，越靠近排矿端粒度越粗。该层的细粒、微细粒重矿物容易与分选面附着较紧，不易被矿浆流带走，所以设备运转到精矿区时，经冲洗水的作用即可得到精矿。

悬振锥面选矿机是依据拜格诺剪切松散理论和流膜选矿原理研制而成的新型微细粒重选设备，特别适用于 $-37\mu m \sim 19\mu m$（$400 \sim 800$ 目）范围内的微细粒矿物的选别，如钨、锡、钽、铌、铅、锌、钛等有色金属和黑色金属铁、锰、铬，富集比高，在实际生产中可用于各种新、老尾矿，回收有价金属矿物。

B 试验结果与分析

a 给矿浓度试验

给矿浓度是悬振锥面选矿机的重要控制参数。在分选面转动速为 $40s/r$、盘面振动频率为 390 次/min、冲洗水流速为 $0.90m^3/h$、给矿量为 $0.3t/h$ 的条件下进行了给矿浓度试验，试验结果见图 6-26。

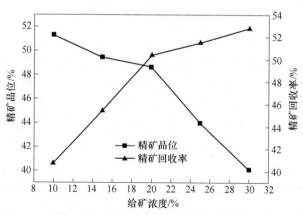

图 6-26 给矿浓度对选别指标的影响

由图 6-26 可知，当给矿浓度由 20% 增加到 25% 时，铁精矿品位降低了 4.74%，而铁精矿回收率却仅仅增加了 1.10%。笔者认为产生上述结果的原因是，随着给矿浓度逐渐增大，矿浆的黏滞阻力增大，导致矿浆在盘面上的流速减小，致使部分脉石矿物沉积到盘面上而不能有效与精矿分离。综合考虑铁精矿品位与回收率，选取给矿浓度为 20%。

b 分选面转动速度试验

悬振锥面选矿机的分选面转动速度决定了矿物颗粒在床面上的作用时间，从而影响精矿品位、富集比与回收率。分选面转速是通过调整变频器的输出频率来控制的，随输出频率提高，分选面转速提高。在给矿浓度为 20%，其他条件同上进行分选面转动速度试验，试验结果见图 6-27。

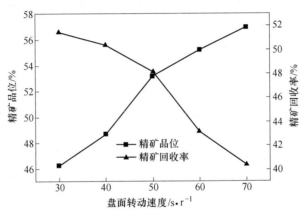

图 6-27 分选面转动速度对选别指标的影响

由图 6-27 可知，铁精矿品位和回收率受分选面转动速度的影响均较为明显。当盘面转动速度由 40s/r 升高到 50s/r 再继续升高到 60s/r 时，铁精矿品位分别增加了 4.50% 和 2.02%，而回收率分别下降了 2.28% 和 4.96%。综合考虑铁精矿品位与回收率，认为盘面振动速度为 50s/r 最为合适。

c 盘面振动频率试验

试验目的是考察分选盘面在不同振动强度下分选指标的变化情况，从而确定适合该试样的振动频率。在冲洗水流速为 0.90m³/h、给矿量为 0.3t/h，其他条件为最佳条件下进行盘面振动频率试验，试验结果见图 6-28。

由图 6-28 可知，当盘面振动频率逐渐升高时，精矿品位逐渐升高而回收率却逐渐降低，这说明加强盘面振动频率，颗粒间的剪切运动增强，床层的松散和析离分层也随之增加，精矿品位提高。当盘面振动频率继续增加，由 385 次/min 升高到 390 次/min 时，精矿品位增加了 2.11%，但回收率却下降了 7.69%。综合考虑精矿品位与回收率，盘面振动频率以 385 次/min 最为合适。

d 冲洗水流速试验

悬振锥面选矿机的冲洗水主要是为了使矿浆流膜流态由弱紊流转变为层流后，从而增强设备的分选效果。所以，在给矿量为 0.3t/h 其他条件为最佳条件下进行冲洗水流速试验，试验结果见图 6-29。

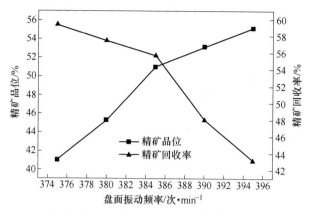

图 6-28　盘面振动频率对选别指标的影响

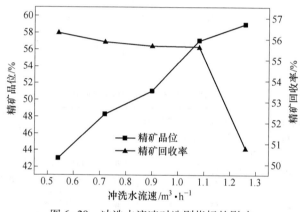

图 6-29　冲洗水流速对选别指标的影响

由图 6-29 可知，冲洗水流速对精矿品位影响较大，对回收率影响较小。当冲洗水流速由 0.90m³/h 增加到 1.08m³/h 再继续增加到 1.26m³/h 时，铁精矿品位分别升高了 5.97% 和 1.52%，铁精矿回收率分别降低了 1.24% 和 2.98%。经比较，认为冲洗水流速以 1.08m³/h 最为合适。

e　给矿量试验

在以上条件试验得出的最佳条件下进行给矿量试验，试验结果见图 6-30。由图 6-30 可知，铁精矿品位随着给矿量的增加而降低，铁精矿回收率随着给矿量的增加而升高。当给矿量由 0.35t/h 增加到 0.40t/h 时，铁精矿品位分别降低 5.6%，而铁精矿回收率仅升高了 0.88%。综合考虑铁精矿品位与回收率，给矿量以 0.35t/h 最为合适。此时，铁精矿品位为 56.79%、回收率为 61.23%。

上述试验表明，在原矿品位为 25.58%、给矿浓度为 20%、盘面转动速度为 50s/r、盘面振动频率为 385 次/min、冲洗水流速为 1.08m³/h、给矿量为0.35t/h

的条件下，经分选后获得了铁精矿品位为 56.79%、回收率为 61.23% 的分选指标。

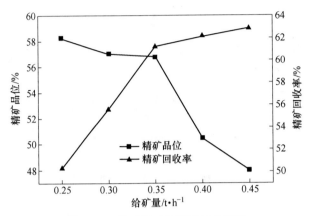

图 6-30 给矿量对选别指标的影响

对刻槽摇床、螺旋溜槽及悬振锥面选矿机分选冶金尘泥中含铁矿物的结果进行对比，见表 6-12。

表 6-12 不同重选设备分选结果

重选设备	铁精矿作业产率/%	铁精矿品位/%	铁精矿作业回收率/%	分选条件
刻槽摇床	29.33	54.31	62.33	冲次 310 次/min，冲程 14mm，横向倾角 3°，给矿浓度 25%，给矿量为 0.25t/h
螺旋溜槽	29.70	52.78	61.45	矿浆浓度 20%~30%，给矿量 0.5~0.6t/h
悬振锥面选矿机	27.58	56.79	61.23	给矿量 0.35t/h，给矿浓度 20%，振动频率 385 次/min，盘面转动速度为 50s/转，冲洗水流速 1.08m³/h

从表 6-12 中可以看出，三种重选设备对该浮选尾矿提铁的分选效果差别不大，悬振锥面选矿机与摇床分选的效果相对比较好。悬振锥面选矿机相比较摇床来说可提高精矿品位 2.48%，但回收率降低了 1.10%，同时考虑到摇床分选技术成熟、稳定，因此小型实验可以选定刻槽摇床作为分选铁精矿的设备，但是在以后工业化应用时，由于摇床单位面积处理能力较低，可以选择悬振锥面选矿机或者螺旋溜槽作为分选铁精矿的设备。

6.3.4 联合流程试验研究

从原料性质分析可以知道，铁矿物主要以磁铁矿及赤铁矿形式存在，采用上述单一分选流程，会造成精矿回收率偏低或者尾矿品位偏高等现象。为了提高产品的回收率,因此可以考虑采用联合工艺流程来分选冶金尘泥中的铁。

由于强磁选的成本较高,因此该联合流程主要考虑采用弱磁选-重选的工艺,重选设备采用悬振锥面选矿机,弱磁选第一段磁场强度为1500Oe,第二段磁场强度为1000Oe。冶金尘泥选铁的工艺流程见图6-31,分选试验结果见表6-13。

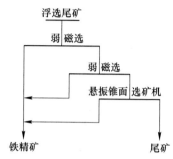

图6-31 冶金尘泥选铁联合流程图

表6-13 磁重联合流程选铁试验结果 （%）

产品名称	作业产率	TFe品位	作业回收率
精矿	31.59	55.62	68.88
中矿	22.15	15.19	13.19
尾矿	46.26	9.89	17.93
给矿	100.00	25.51	100.00

从表6-13中可以看出,选碳后的尾矿经二次磁选与悬振锥面选矿机分选后,可以得到作业产率为31.59%、品位为55.62%、作业回收率为68.88%的铁精矿。

同时也可以看出,采用联合流程来回收冶金尘泥中的铁矿物,相比较重选单一选矿方法来说,回收率可以提高5%~7%,因此在后续工艺中采用磁重联合工艺流程。

6.4 含锌冶金尘泥铁、碳分选联合工艺流程

将上述冶金尘泥提碳、提铁工艺流程合并,其联合工艺流程见图6-32,最终产品指标见表6-14。

表6-14 冶金尘泥铁、碳分选联合流程结果 （%）

产品名称	作业产率	品　位			作业回收率		
		TFe	C	Zn	TFe	C	Zn
铁精矿	23.87	55.62	3.76	1.95	60.22	3.71	8.54
碳精矿	24.45	10.14	73.48	3.91	11.25	74.33	17.54
尾矿	51.68	12.17	10.27	7.79	28.53	21.96	73.92
原矿	100.00	22.04	24.17	5.45	100.00	100.00	100.00

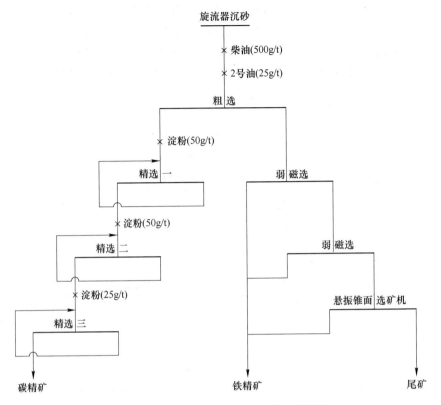

图 6-32 含锌冶金尘泥分选联合工艺流程

通过试验可以看出，水力旋流器的沉砂产品通过一粗三精的浮选工艺，可以得到作业产率为 24.45%、品位为 73.48%、作业回收率为 74.33% 的碳精矿；浮选尾矿经磁选-重选分选后，最终可以获得作业产率为 23.87%、品位为 55.62%、作业回收率为 60.22% 的铁精矿。同时还可以看出，有价元素锌在不同产品中的迁移规律，主要富集在尾矿产品中，尾矿中的锌含量为 7.79%、回收率为 73.92%。

对碳精矿进行了化学多元素组成分析，见表 6-15。

表 6-15 碳精矿化学多元素分析结果 （%）

化学成分	TFe	SiO$_2$	ZnO	C	MgO	P$_2$O$_5$	SO$_3$	CaO
含量	10.07	1.31	0.17	73.15	0.24	0.011	0.018	0.21

从表 6-15 中可以看出，碳精矿品位为 73.15%，铁元素含量为 10.07%，其余元素主要为 SiO$_2$、MgO、CaO 等，硫、磷含量较低。

对铁精矿进行了化学多元素组成分析，见表 6-16。

表 6-16 铁精矿多元素分析结果 （%）

化学成分	TFe	CaO	MgO	SiO$_2$	Al$_2$O$_3$	S	P
含量	55.41	3.31	2.87	8.41	6.03	0.097	0.078

从铁精矿的化学多元素组成可以看出，TFe 品位为 55.41%，其次为 SiO$_2$、Al$_2$O$_3$、CaO 及 MgO 等。

6.5 本章小结

在柴油用量为 500g/t，2 号油用量为 25g/t，矿浆浓度 10%，充气量为 0.32m^3/h，淋洗水量为 0.015m^3/h 的条件下，经一粗三精的浮选柱闭路分选后，可获得产率为 24.45%，品位 73.48%，回收率为 74.39% 的碳精矿。

采用摇床、螺旋溜槽、悬振锥面选矿机对浮选尾矿中的含铁矿物进行了回收，三种重选设备对该浮选尾矿提铁的分选效果差别不大，在给矿浓度 25%、冲洗水量 0.32t/h 和冲程 12mm、冲次 320 次/min、床面坡度 2.5° 下进行摇床分选试验，最终获得了作业产率为 29.33%、品位 54.31%、作业回收率为 62.33% 的铁精矿。

在条件试验的基础上，对水力旋流器的沉砂产品进行了联合工艺流程试验，最终获得了产率为 24.45%、品位为 73.48%、回收率为 74.33% 的碳精矿以及产率为 23.87%、品位 55.62%、回收率为 60.22% 的铁精矿。

在给矿量为 0.35t/h、给矿浓度为 20%、振动频率为 385 次/min、盘面振动速度为 50s/r、冲洗水流速为 1.08m^3/h 下进行悬振、锥面选矿机分选试验，最终获得了品位 56.79%、作业回收率为 61.23% 的铁精矿。

7 含锌冶金尘泥硫酸浸锌试验研究

7.1 硫酸浸锌原料性质分析

7.1.1 浸锌原料化学多元素分析

本次试验探索回收锌的原料为水力旋流器的溢流产品以及铁、碳分选后的尾矿产品，这两部分产品共同进行后续的浸出工艺。经计算，这部分原料的锌品位为11.04%，回收率为87.02%。

在进行冶金尘泥硫酸浸出试验以前，对浸锌原料进行化学成分分析，分析结果见表7-1。

表 7-1　原料化学成分分析　　　　　（%）

元素	TFe	Zn	MgO	SiO$_2$	CaO	Al$_2$O$_3$	TiO$_2$	P$_2$O$_5$	K$_2$O	C	Cl
含量	13.65	11.04	0.99	9.52	2.10	4.11	0.21	0.08	0.10	10.05	0.93

由原料化学多元素分析结果可知，该冶金尘泥全铁品位为13.65%，锌含量为11.04%，碳含量为10.05%。与最初原料相比，锌元素得到了一定的富集，同时铁与碳元素也得到了部分去除。氯离子的含量也得到了一定的控制，为后续浸出奠定了较好的基础。

7.1.2 浸锌原料 XRD 分析

对提铁提碳处理后的原料进行 XRD 荧光光谱分析，分析结果如图7-1所示。

由铁、碳分选后原料 XRD 图分析可知，预处理后，原料中赤铁矿、磁铁矿、石英以及碳的峰相比有一定程度的减弱，冶金尘泥组成较复杂，其中含锌矿物主要为红锌矿（ZnO）、闪锌矿（ZnS）、锌铁矿（Fe$_2$ZnO$_4$）、锌矾（ZnSO$_4$），衍射峰略显尖锐，说明原料中含锌矿物得到了一定的富集，此外，脉石矿物主要为镍纹石、沸石、方解石（碳酸钙）、石英等硅酸盐矿物。

7.1.3 SEM-EDS 分析

对浸锌原料进行 SEM-EDS 扫描电镜能谱分析，对所选区域部分点进行能谱分析，如图7-2所示，各选择区的 EDS 分析见图7-3，质量分数分布情况见表7-2。

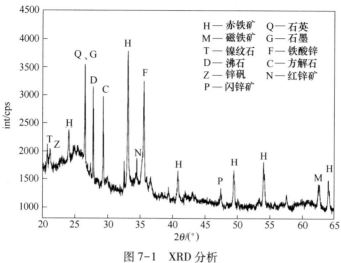

图7-1 XRD分析

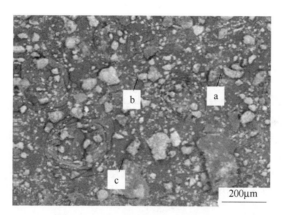

图7-2 浸出原料能谱分析选择区

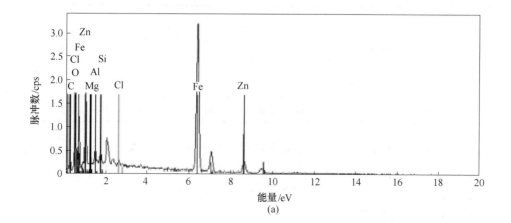

(a)

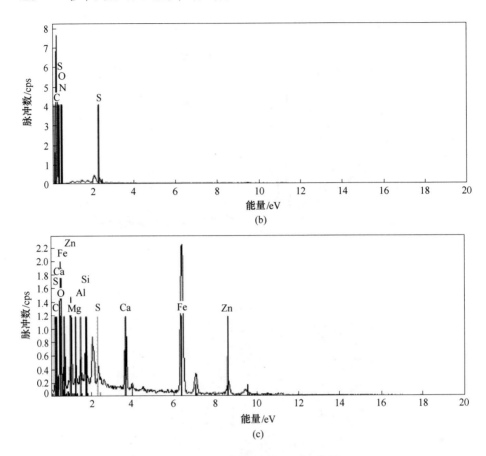

图 7-3 浸出原料各选择区 EDS 分析

（a）a 点 EDS 分析；（b）b 点 EDS 分析；（c）c 点 EDS 分析

表 7-2 浸出原料 EDS 结果 （%）

数据点	含 量							
	C	O	Al	Si	Fe	Zn	S	Cl
a	10.21	26.56	1.85	1.24	48.74	10.89	—	0.52
b	94.40	4.30	—	—	—	—	3.10	—
c	13.43	26.47	2.39	2.72	38.75	15.21	1.04	—

由图 7-3 和表 7-2 可知，Zn 元素质量分数较预处理之前有增加。a 点含有很高含量的铁和氧，可能代表预处理后仍有部分赤铁矿或者磁铁矿存在；b 点含碳量较高，可能是碳单质或者含碳氧化物；c 点有较高含量的铁、锌、氧，推测铁酸锌仍存在于原料中。

7.2 硫酸浸锌单因素条件试验研究

矿物原料浸出是浸出剂选择性地溶浸矿物原料中某矿物组分的工艺过程。矿物原料浸出的目的是选择适当的浸出剂使矿物原料中的目的矿物选择性地溶解,使目的组分转入溶液中,以使目的组分与杂质组分或脉石矿物相互分离。因此,矿物原料的浸出过程是目的组分提取、分离和富集的过程。

进入浸出作业的原料,通常为难以用物理选矿方法(如重选、浮选、电选、磁选和放射性选矿等)处理的原矿、物理选矿的中矿、尾矿、粗精矿、贫矿、表外矿和冶金过程的中间产品等。依据矿物原料特性,须经化学选矿处理的矿物原料可预先经焙烧作业处理而后进行浸出,也可不经焙烧作业而直接进行浸出。因此,矿物原料的浸出作业是化学选矿过程中极普遍的作业。

用于浸出作业的试剂称为浸出剂;浸出作业所得溶液称为浸出液;浸出后的残渣称为浸出渣。实践中常采用有用组分或杂质组分的浸出率、浸出的选择性、试剂耗量和吨矿成本等指标衡量浸出过程的效率。

通过查阅文献资料,影响冶金尘泥硫酸浸锌的因素主要包括硫酸浓度、反应温度、液固比、反应时间以及搅拌速度。这些条件都对酸浸效果起着至关重要的作用,故采用单因素实验法来确定各因素的最佳条件。

7.2.1 硫酸浓度对含锌冶金尘泥浸出的影响

浸出过程中,浸出试剂的浓度梯度是影响浸出速度的主要因素之一。由于矿粒表面的浸出试剂浓度较小,因此浸出速度主要取决于浸出试剂的初始浓度。浸出试剂的初始浓度越高,浸出速度越大。随着浸出过程的进行,浸出试剂不断地被消耗,浸出速度也随之逐渐降低。浸出终了时,浸出矿浆中常要求保持一定的浸出试剂剩余浓度。因此,浸出过程中浸出试剂的用量主要决定于浸出目的组分的耗量、浸出杂质组分的耗量、试剂的氧化分解、剩余浓度和浸出矿浆的液固比等因素,因此首先进行了浸出剂的浓度试验。

在反应温度为70℃、液固体积质量比为4:1、反应时间60min、搅拌速度为200r/min 的条件下,考察硫酸浓度对冶金尘泥中锌、铁浸出率的影响,结果见图7-4。

由分子碰撞理论可知,硫酸浓度越高,分子(离子)与矿中有价金属元素碰撞几率越大,有价金属参与浸出反应的几率也越大,图7-4的关系曲线恰好证明了这一点。从图7-4中可以看出,锌以及铁的浸出率都随硫酸浓度增大而增大,当硫酸浓度由 0.2mol/L 增加到 0.5mol/L 时,锌的浸出率达到了 94.00%,随着硫酸浓度持续增加,铁的浸出率持续增大,而锌的浸出率增长缓慢,分析原因可能是由于溶解的铁形成了胶体对锌吸附增强,使得锌未能进入浸出液中,而

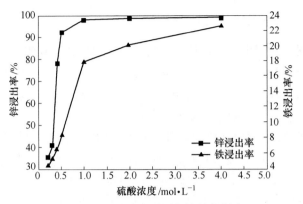

图 7-4 硫酸浓度对浸出效果的影响

留在浸出渣中，综合考虑到硫酸浓度偏高，溶解的 Fe^{2+} 增加，会使得后续浸出液处理比较困难，最终选取酸浓度为 0.5mol/L 时最佳，此时锌浸出率为 92.22%、铁的浸出率为 8.44%。

在反应温度为 70℃、液固体积质量比为 4∶1、反应时间 60min、搅拌速度为 200r/min 的条件下，考察硫酸浓度分别为 0.1mol/L、0.5mol/L、1mol/L 时冶金尘泥浸出渣 XRD 图，如图 7-5 所示。

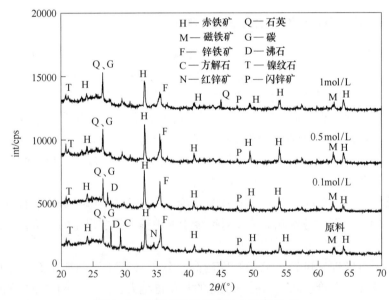

图 7-5 不同硫酸浓度下浸出渣 XRD 图

由图 7-5 可知，随着硫酸浓度的增加，当硫酸浓度由 0.1mol/L 增加至 0.5mol/L 时，原料中的赤铁矿、磁铁矿峰值有一定的增强，红锌矿峰值逐渐减弱直至消失，沸石、方解石等硅酸盐矿物峰值也明显减弱，直至消失，硫化锌与铁酸锌的峰值基本保持稳定；当硫酸浓度由 0.5mol/L 增加至 1mol/L 时，赤铁矿矿相（Fe$_2$O$_3$）在不同位置的特征吸收峰也有较大变化，随着时间增加，赤铁矿矿相在 24.46°、33.12°、54.22°的特征衍射峰有逐渐减弱的趋势。分析原因主要是因为随着硫酸浓度的增加，冶金尘泥矿相不断分解，矿相遭到破坏，而其包裹的其他矿相如石英就被释放出来。因此在浸出过程中，在不同位置会出现新的SiO$_2$ 特征衍射峰，并且其在原有位置的特征吸收峰也变得越来越尖锐。其中的红锌矿、硅酸盐矿物等反应较快，赤铁矿、磁铁矿、铁酸锌、硫化锌等不易浸出的矿物必须在达到相应的浸出 pH 值、浓度等条件时才可浸出。

7.2.2 浸出温度对含锌冶金尘泥浸出的影响

浸出时，试剂的扩散系数与浸出温度呈直线关系，可用下式表示：

$$D = \frac{RT}{N} \cdot \frac{1}{2\pi r\mu} \tag{7-1}$$

式中　N——阿伏伽德罗常数；

　　　r——扩散物质粒子直径；

　　　μ——扩散介质黏度。

而化学反应速度常数与温度呈指数关系。因此，在低温区，化学反应速度远低于扩散速度；在高温区，化学反应速度则高于扩散速度。所以在常温常压下，在接近于浸出剂沸点的条件下进行浸出，将有利于提高浸出速度和浸出率。热压条件下浸出，可以提高浸出矿浆的沸点，故热压浸出可以加速浸出过程和提高目的组分的浸出率。因此，在可能条件下，应采用沸点较高的试剂作浸出剂。

由于温度主要对反应速度有影响，温度升高 283K，反应速度增加 2~4 倍，也就是说反应速度的温度系数等于 2~4。扩散速度的温度系数一般在 1.5 以下，因此在硫酸浓度为 0.5mol/L、液固比为 4∶1、搅拌速度为 200r/min、反应时间为 60min 的条件下，进行反应温度对锌、铁浸出率的影响试验研究，结果如图7-6所示。

从图 7-6 中可以看出，随着温度增加，冶金尘泥中的锌以及铁的浸出率逐渐增加，当温度从 25℃增加到 80℃时，锌浸出率从 89.55%增加到 93.21%，增加幅度不大，且考虑到酸挥发率随温度升高而加重，选择浸出温度为 25℃，即常温下进行试验，此时锌的浸出率为 89.55%、铁的浸出率为 7.26%。

7.2.3 液固比对含锌冶金尘泥浸出的影响

浸出矿浆液固比对浸出速度和浸出率有较大的影响。浸出试剂用量与浸出矿

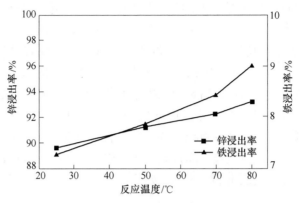

图 7-6　反应温度对浸出效果的影响

浆的黏度、矿浆液固比密切相关。提高浸出矿浆液固比，可降低矿浆黏度，有利于试剂扩散、矿浆搅拌、输送和固液分离，其他浸出条件相同时可获得较高的浸出速度和浸出率。当浸出终了时的试剂剩余浓度相同时，提高矿浆液固比将增加浸出试剂耗量和降低浸液中的目的组分浓度，增大后续作业的处理量和试剂耗量。但浸出矿浆液固比不宜太小，否则，对矿浆搅拌、试剂传质、固液分离不利，甚至使已溶的目的组分沉淀析出，降低目的组分的浸出率。因此，选择矿浆液固比时，应考虑已溶目的组分在浸液中的溶解度，当其溶解度较小时，浸出矿浆的液固比宜大些。为了考察液固比对该尘泥浸出效果的影响，针对不同液固比进行了浸出试验。

固定硫酸浓度为 0.5mol/L、搅拌速度为 200r/min、浸出温度为 25℃、反应时间为 60min，考察不同液固比对锌、铁浸出率的影响，结果见图 7-7。

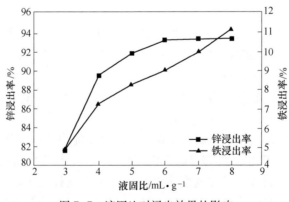

图 7-7　液固比对浸出效果的影响

从图 7-7 中可以看出，随着液固比的增加，锌、铁浸出率均逐渐提高，继续增加液固比，锌浸出率变化不大，锌浸出率的增大幅度变缓，铁的浸出率持续增加。分析原因主要是液固比增加提高了硫酸浸出体系的流动性，加剧了冶金尘泥中细小颗粒的运动和碰撞，从而促进了反应的进行，而铁溶解形成的 Fe(OH)$_3$ 胶体会吸附锌，造成溶解的锌变少，同时液固比太大会造成处理能力下降，给后续回收工序带来困难。综合考虑选择液固比为 6:1，此时锌浸出率较高为 93.31%，铁的浸出率为 9.00%。

固定硫酸浓度为 0.5mol/L、搅拌速度为 200r/min、浸出温度为 25℃、反应时间为 60min，考察液固比分别为 3:1、6:1、8:1 时冶金尘泥浸出渣 XRD 图，结果见图 7-8。

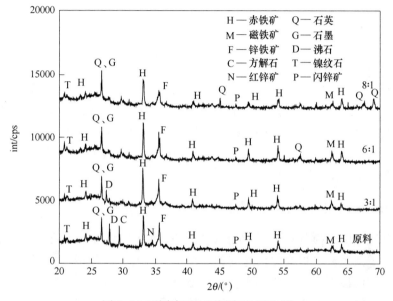

图 7-8　不同液固比下浸出渣 XRD 图

从图 7-8 中可以看出，不同液固比对冶金尘泥中的不同矿相影响与硫酸浓度对矿相的影响相似，随着液固比的增加，红锌矿矿相逐渐消失，赤铁矿、磁铁矿等含铁矿物则大部分被留在浸出渣内，从而可以使得大部分锌被浸出，而铁元素很好地被抑制，留在浸出渣中。

7.2.4　反应时间对含锌冶金尘泥浸出的影响

通常来讲，增加浸出时间会提高浸出率，但带来的附加影响则是生产能力的下降、生产成本的增加，如果矿石中含有铅、铁、碳等杂质元素，则可能会造成杂质元素的浸出，为后续处理造成影响。为了考察浸出时间对该冶金尘泥浸出效果的影响，按照不同时间进行了浸出试验。

在硫酸浓度为 0.5mol/L、液固比为 6:1、搅拌速度为 200r/min、浸出温度为 25℃ 条件下，考察反应时间对锌、铁浸出率的影响，结果见图 7-9。

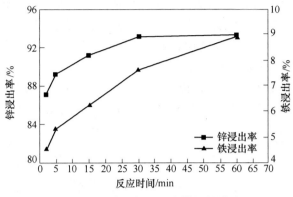

图 7-9 反应时间对浸出效果的影响

从图 7-9 中看出，随着反应时间的延长，锌、铁浸出率均逐渐提高，但提高幅度逐渐变小；浸出时间为 30min 时，冶金尘泥中锌的浸出率达到了 93.10%，随着浸出时间的延长，锌浸出速率逐渐变缓，分析原因可能是硫酸逐渐被消耗，参与反应的氢离子变少，同时综合考虑工业化生产实践需要以及节约能耗的要求，最终选择反应时间为 30min。

7.2.5 搅拌速度对含锌冶金尘泥浸出的影响

浸出过程中，搅拌矿浆除防止矿粒沉降使其悬浮外，还可减小扩散层厚度、增大扩散系数，提高浸出速度和浸出率。因此，搅拌浸出的浸出率常高于渗滤浸出的浸出率。当磨矿细度高，矿粒很细时，提高搅拌强度的意义较小，此时细微矿粒易被液体的旋涡流吸住，使矿粒表面的液体更新速度随搅拌强度的增加而变化很小。当搅拌强度增至某值后，微细矿粒开始随液流一起运动，此时搅拌则失去作用。同时，增加搅拌强度将增大动力消耗和设备磨损。目前搅拌浸出常采用双层搅拌桨的低速机械搅拌浸出槽和压缩空气搅拌浸出槽，搅拌的目的是使矿粒悬浮，充气靠压风实现。此类搅拌浸出槽的搅拌强度低、动力消耗低、磨损小。

在硫酸浓度为 0.5mol/L、液固比为 6∶1、浸出温度为 25℃、反应时间为 30min 条件下，考察搅拌速度对锌、铁浸出率的影响，结果见图 7-10。

从图 7-10 可以看出，随搅拌速度的增加，冶金尘泥中锌、铁浸出率均缓慢提高。搅拌速度太小，搅拌不均匀，矿浆中颗粒发生沉降，不利于浸出反应的进行；搅拌速度过大，会增加能耗和生产成本，太大的搅拌速度也会造成矿浆飞溅，影响浸出反应的进行。所以综合考虑选择搅拌速度为 300r/min 最为合适，此时锌的浸出率为 96.30%、铁的浸出率维持在 8% 左右。

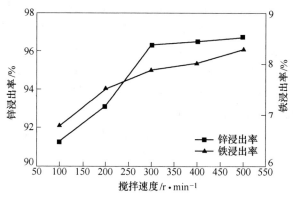

图 7-10 不同搅拌速度下瓦斯泥的酸性浸出

7.3 响应曲面法优化含锌冶金尘泥酸浸工艺

7.3.1 响应曲面法理论

正交设计和均匀设计是目前国内采用最多两种的实验设计方法，这两种设计都是利用数学模型拟合数据，所需进行的实验次数较少；缺点是预测性较差，不能够很好的对实验参数进行综合分析。随着计算机技术的飞速发展，以及数值计算科学的不断深入，工程计算的模型越来越复杂、运算规模越来越大、所花费的时间越来越长。同时，许多工程问题的目标函数和约束函数对于设计变量经常是不光滑的或者具有强烈的非线性。这样，科学家和工程师都希望寻找新的数学规划方法以满足工程优化计算的需要。

响应面优化法，即响应曲面法（response surface methodology，RSM），是一种实验条件寻优的方法，适宜于解决非线性数据处理的相关问题。它囊括了试验设计、建模、检验模型的合适性、寻求最佳组合条件等众多试验和技术；通过对过程的回归拟合和响应曲面、等高线的绘制，可方便地求出相应于各因素水平的响应值；在各因素水平的响应值的基础上，可以找出预测的响应最优值以及相应的实验条件。

RSM 是数学方法和统计方法结合的产物，是用来对所感兴趣的响应受多个变量影响的问题进行建模和分析的，其最终目的是优化该响应值。由于 RSM 把仿真过程看成一个黑匣子，能够较为简便地与随机仿真和确定性仿真问题结合起来，所以得到了非常广泛的应用。近十多年来，由于统计学在各个领域中的发展和应用，RSM 的应用领域进一步拓宽，对 RSM 感兴趣的科学工作者也越来越多，许多学者对响应面法进行了研究。RSM 的应用领域不再仅仅局限于化学工业，在生物学、医学以及生物制药领域都得到了广泛应用。同时，食品学、工程学、生态学等方面也都涉及了响应面法的应用。

响应面优化法，考虑了试验随机误差；同时，响应面法将复杂的未知的函数关系在小区域内用简单的一次或二次多项式模型来拟合，计算比较简便，是解决实际问题的有效手段。响应面优化法所获得的预测模型是连续的，与正交实验相比，其优势是：在实验条件寻优过程中，可以连续地对实验的各个水平进行分析，而正交实验只能对一个个孤立的实验点进行分析。

运用响应面优化的前提是：设计的实验点应包括最佳的实验条件，如果实验点的选取不当，使用响应面优化法是不能得到很好的优化结果的。因此，在使用响应面优化法之前，应当确立合理的实验的各因素与水平。

在响应分析中，观察值 y 可以表述为：

$$y = f(x_1, x_2, \cdots, x_l) + \varepsilon \tag{7-2}$$

式中，$f(x_1, x_2, \cdots, x_l)$ 是自变量 $x_1, x_2, \cdots, x_l$ 的函数；ε 是误差项，除了包含非可控因子所造成的"实验误差"外，还可能包含"失拟误差"。失拟误差是指所选用的模型函数 f 与真实函数之间的差别。实验误差与失拟误差的性质不同，因而分析时采用不同的处理方法。在响应曲面分析中，首先要得到回归方程，然后通过对自变量 $x_1, x_2, \cdots, x_l$ 的合理取值，求得使 $\hat{y} = f(x_1, x_2, \cdots, x_l)$ 最优的值，这就是响应面设计的目的。

适用范围：（1）确信或怀疑因素对指标存在非线性影响；（2）因素数 2~7个，一般不超过 4 个；（3）所有因素均为计量值数据；（4）试验区域已接近最优区域；（5）基于 2 水平的全因子正交试验。

响应曲面分析主要包括回归方程的估计和检验、模型欠拟检验、回归参数的估计和检验、因素效应的检验、模型决定系数的计算、最优水平组合的估计及其附近的响应面特征。

可以进行响应面分析的实验设计有多种，但常用的是下面两种：Central Composite Design（CCD）响应面优化分析、Box-Behnken Design（BBD）响应面优化分析。

7.3.1.1 CCD 响应面优化分析

CCD 是在 2 水平全因子和分部试验设计的基础上发展出来的一种试验设计方法，它是 2 水平全因子和分部试验设计的拓展。通过对 2 水平试验增加一个设计点（相当于增加了一个水平），从而可以对评价指标（输出变量）和因素间的非线性关系进行评估。它常用于在需要对因素的非线性影响进行测试的试验。

A CCD 的特点

（1）可以进行因素数在 2~6 个范围内的试验。

（2）试验次数一般为 14~90 次：2 因素 12 次，3 因素 20 次，4 因素 30 次，5 因素 54 次，6 因素 90 次。

（3）可以评估因素的非线性影响。

（4）适用于所有试验因素均为计量值数末尾的试验。

（5）在使用时，一般按三个步骤进行试验。

1）先进行 2 水平全因子或分部试验设计。

2）再加上中心点进行非线性测试。

3）如果发现非线性影响为显著影响，则加上轴向点进行补充试验以得到非线性预测方程。

（6）CCD 试验也可一次进行完毕（在确信有非线性影响的情况下）。

B　CCD 的优缺点

（1）优点：

1）能够预估所有主效果、双向交互作用和四分条件。

2）可以通过增加轴向点，从一级筛选设计转化而来（即中心复合法）。

（2）缺点：轴向点的选择也许会造成在非理想条件下进行实验。

7.3.1.2　BBD 响应面优化分析

Box-Behnken 试验设计是可以评价指标和因素间的非线性关系的一种试验设计方法。和中心复合设计不同的是，它不需连续进行多次试验，并且在因素数相同的情况下，Box-Behnken 试验的试验组合数比中心复合设计少，因而更经济。Box-Behnken 试验设计常用于在需要对因素的非线性影响进行研究时的试验。

A　Box-Behnken 试验设计的特点

（1）可以进行因素数在 3~7 个范围内的试验。

（2）试验次数一般为 15~62 次。在因素数相同时比中心复合设计所需的试验次数少。

（3）可以评估因素的非线性影响。

（4）适用于所有因素均为计量值的试验。

（5）使用时无需多次连续试验。

（6）Box-Behnken 试验方案中没有将所有试验因素同时安排为高水平的试验组合，对某些有特别需要或安全要求的试验尤为适用。

和中心复合试验相比，Box-Behnken 试验设计不存在轴向点，因而在实际操作时其水平设置不会超出安全操作范围。而存在轴向点的中心复合试验却存在生成的轴向点可能超出安全操作区域或不在研究范围之列考虑的问题。

B　分析响应曲面设计的一般步骤

分析响应曲面设计的一般步骤如图 7-11 所示。

C　模型拟合

（1）根据所选择的实验方法进行模型拟合。

（2）检查模型总体拟合情况（R^2 和 R^2adj）。

（3）检查模型是否显著（ANOVA）。

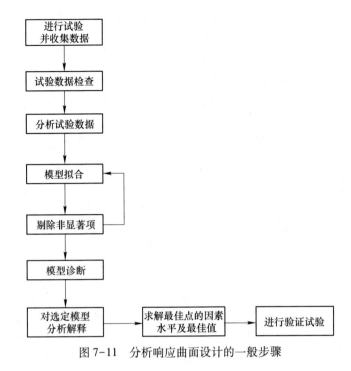

图 7-11 分析响应曲面设计的一般步骤

（4）检查模型中的每一项是否显著（F 检验或 t 检验）。

（5）检查模型是否存在拟合不良（Lack of Fit 拟合不良检验）。

（6）删除模型中的非显著项。

7.3.2 Design-Expert 软件的应用

Design-Expert 是全球顶尖级的实验设计软件。Design-Expert 是最容易使用、功能最完整、界面最具亲和力的软件。Design-Expert 设计专家是为科研人员设计实验方案的辅助软件，通过选取适当的设计方法，可以有效地减少所需的实验次数，但不改变实验的结果。该软件上手容易，设计简单，十分易于操作，值得在科研以及更广阔的领域应用。该软件由 State-East 公司开发并发售，其网站上有 45 天免费试用版下载用以学习该软件。目前采用这个软件进行设计并发表论文是广大科研工作者普遍采用的一种方式，在已经发表的有关响应曲面（RSM）优化试验的论文中，Design-Expert 是最广泛使用的软件。Plackett-Burman(PB)、Central Composite Design(CCD)、Box-Behnken Design(BBD) 是最常用的实验设计方法。

下面以 BBD 为例说明 Design-Expert 的使用，如图 7-12 所示。CCD、PB 与此类似。

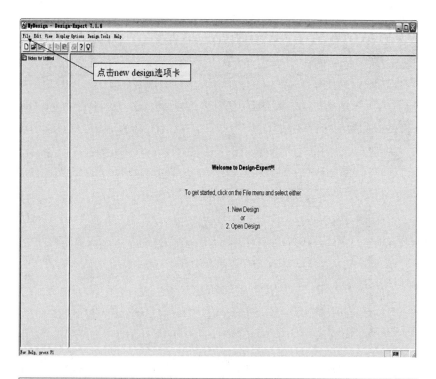

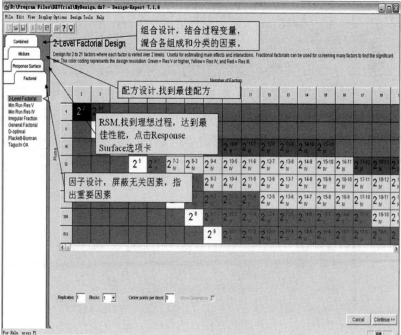

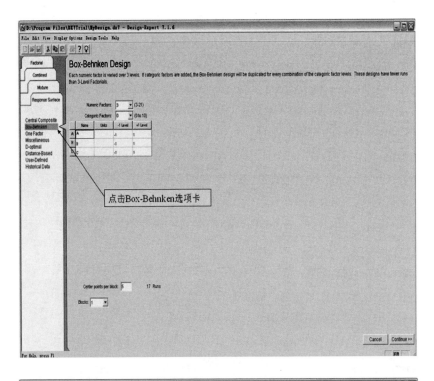

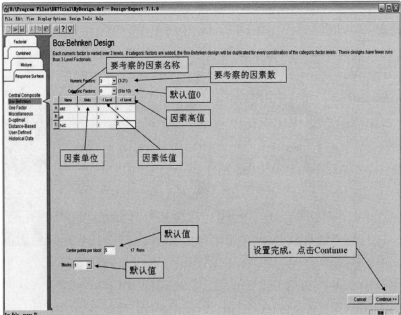

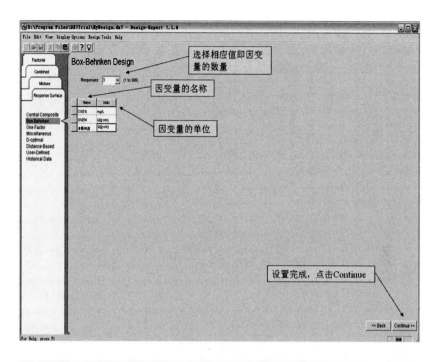

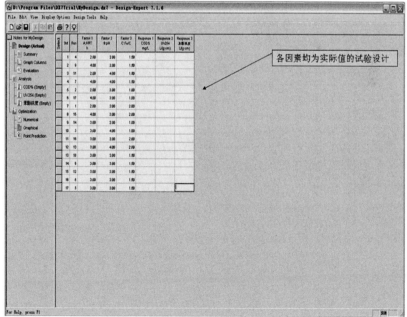

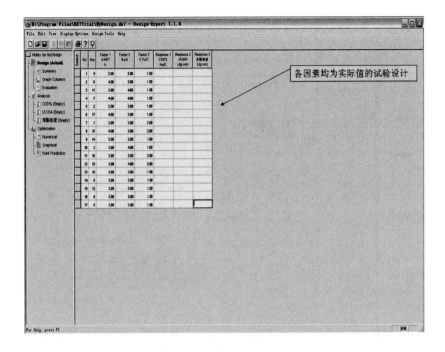

各因素均为实际值的试验设计

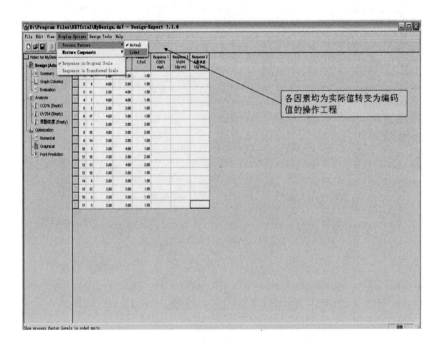

各因素均为实际值转变为编码
值的操作工程

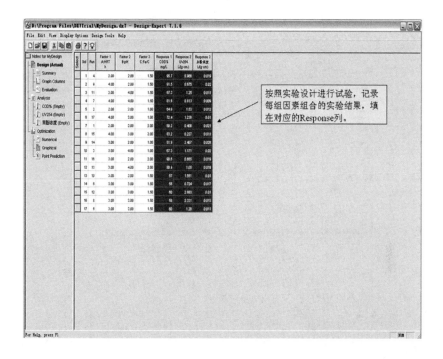

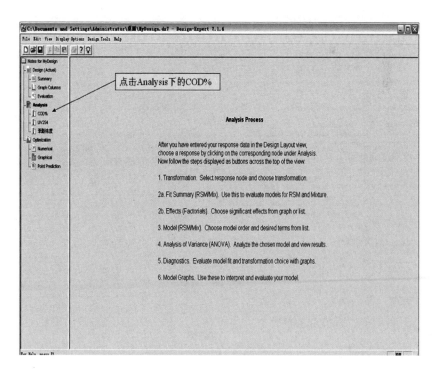

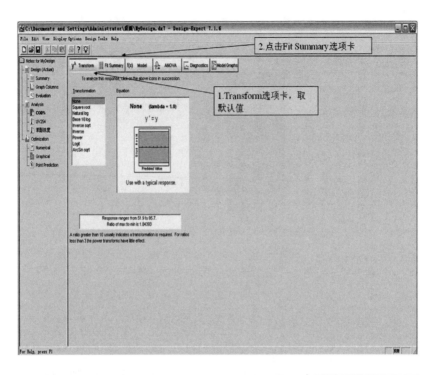

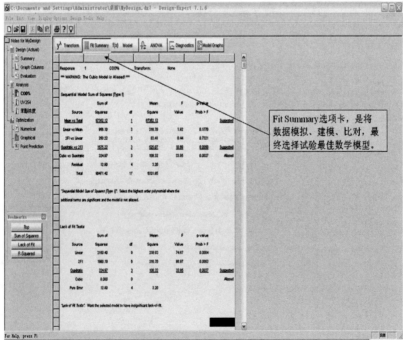

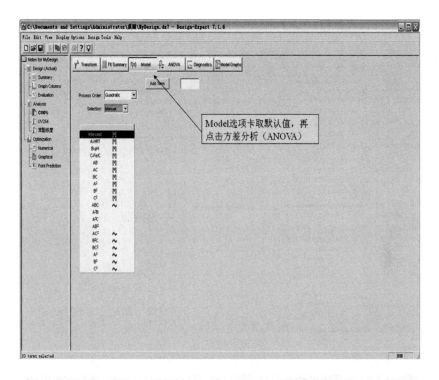

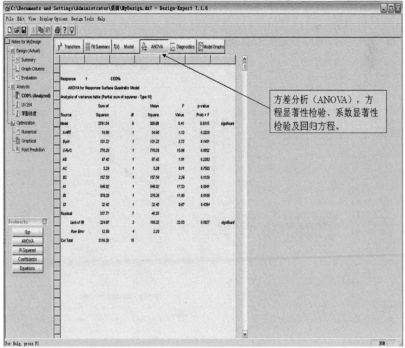

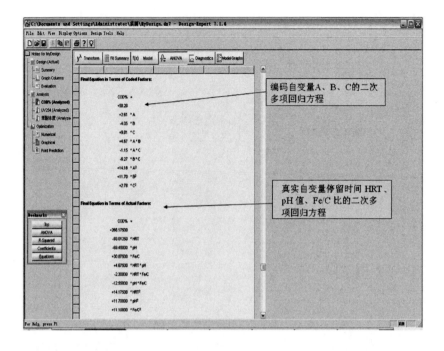

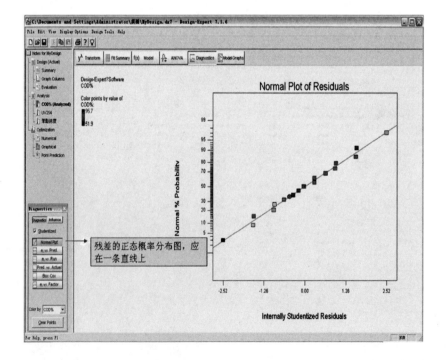

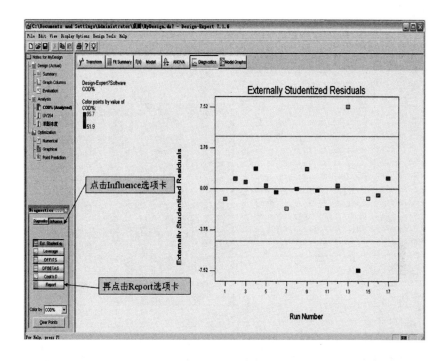

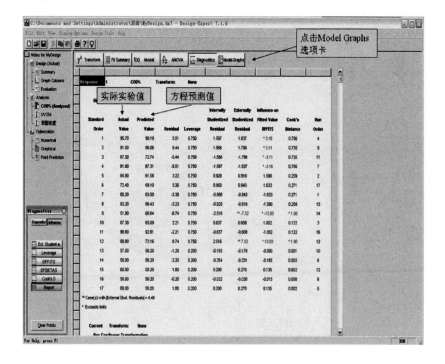

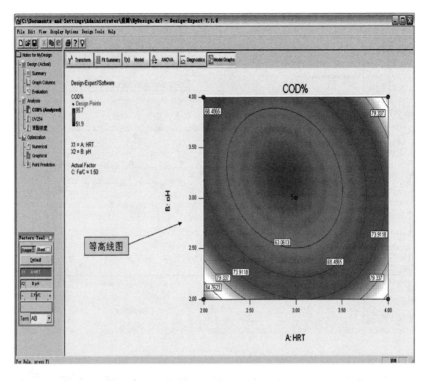

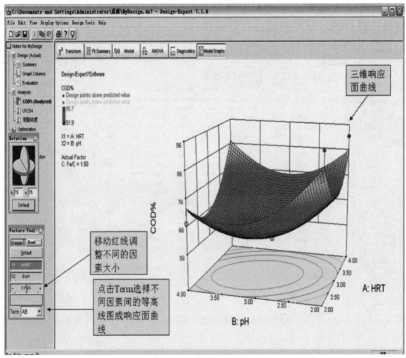

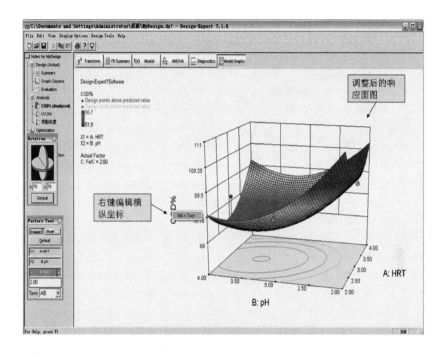

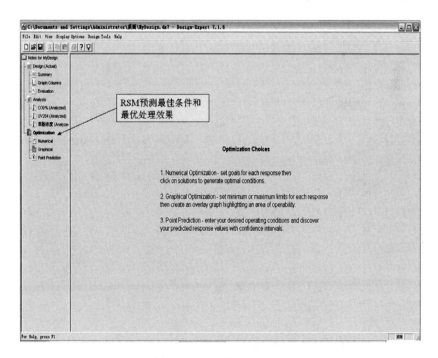

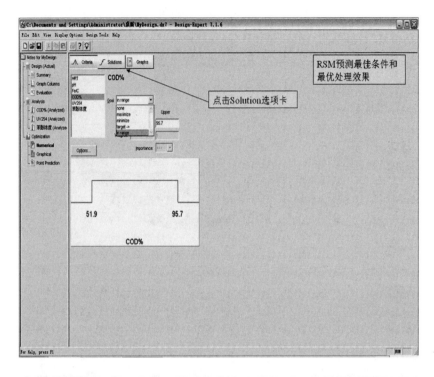

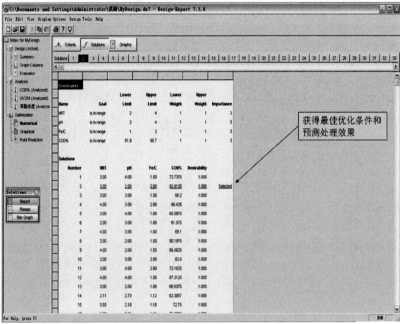

图 7-12　用 Design-Expert 进行 BBD 响应曲面优化分析示例

7.3.3 响应曲面模型建立

湿法酸浸工艺是处理锌的一种有效方法,但是酸浸过程存在铁浸出率高、酸耗大等问题,同时浸出过程影响因素较多,很难确定最佳的浸出工艺条件。响应面分析主要是将体系的响应作为一个或多个因素的函数,运用图形技术将这种函数关系显示出来,可凭借直觉观察来选择试验设计中的最优化条件,因此可以利用响应曲面法优化含锌尘泥选择性浸出锌、抑制铁浸出工艺条件,快速有效地确定多因子系统的最佳控制条件,实现含锌尘泥中锌铁的高效分离,浸出过程中绝大部分锌进入浸出液中,而仅少部分铁被浸出,铁残留于浸出渣返回冶炼流程。

以稀硫酸为浸出剂,硫酸浓度、搅拌速度、浸出时间、浸出温度、液固比皆对锌、铁的浸出和浸出动力学产生影响。单因素条件试验表明:搅拌速度增大,反应温度提高,皆有利于锌和铁的浸出。但是在浸出试验中发现,当搅拌速度超过300r/min、浸出温度超过常温25℃时,进一步提高对锌的浸出率影响不大,因此在后续试验中固定搅拌速度为300r/min,反应温度为室温25℃,选取对锌、铁浸出率有较大影响的硫酸浓度、反应时间、液固比三个因素,利用 Design Expert 8.0 软件,根据 Box-Behnken 试验设计(BBD)原理,采用响应曲面法(response surface methodology,RSM)优化含锌尘泥选择性浸出锌、抑制铁的工艺条件。

在大量探索实验和单条件实验基础上,初步确定影响冶金尘泥中锌的浸出率最主要因素是硫酸浓度,液固比和反应时间。其次是搅拌速度、反应温度。利用 Design Expert8.0 软件,根据 BBD 设计原理,采用 RSM 建立数学模型,选用硫酸浓度(X_1)、液固比(X_2)、反应时间(X_3)为影响因素,锌、铁浸出率为响应值,进行三因素三水平 BBD 设计。因素编码及水平见表 7-3 所示。

表 7-3 试验因素编码及水平

因　素	编　码	编码水平		
		-1	0	1
硫酸浓度/mol·L^{-1}	X_1	0.4	0.5	0.6
液固比/mL·g^{-1}	X_2	5	6	7
反应时间/min	X_3	20	30	40

根据表 7-3 中的因素及水平值,采用 Design-Expert 8.0 软件生成 17 组试验点,各个试验条件下得到锌、铁浸出率的实验值,见表 7-4。

表 7-4 试验设计及结果

编号	因　素			锌浸出率/%	铁浸出率/%
	X_1/mol·L^{-1}	X_2/mL·g^{-1}	X_3/min	Y_1	Y_2
1	0	1	1	96.83	9.22

编号	因　素			锌浸出率/%	铁浸出率/%
	$X_1/\text{mol} \cdot \text{L}^{-1}$	$X_2/\text{mL} \cdot \text{g}^{-1}$	X_3/min	Y_1	Y_2
2	0	1	-1	96.72	8.38
3	0	0	0	96.30	6.98
4	0	0	0	95.96	7.22
5	1	-1	0	96.74	8.16
6	-1	0	1	92.71	6.62
7	0	-1	-1	93.70	6.88
8	-1	-1	0	91.60	5.81
9	-1	0	-1	92.30	5.74
10	0	0	0	95.94	7.00
11	1	0	-1	97.00	9.13
12	1	0	1	97.25	9.40
13	-1	1	0	95.20	7.05
14	0	0	0	95.77	6.88
15	1	1	0	98.71	10.51
16	0	-1	1	94.08	7.26
17	0	0	0	95.68	6.65

由表 7-4 可知，锌浸出率的响应范围为 91.60%~98.71%，铁浸出率的响应范围为 5.74%~10.51%。

响应曲面法有主要有一阶、二因子交互效应、二阶、三阶等模型。为了评价实验结果的可靠性和数学模型的可信度，需要对实验结果进行显著性检验。采用 Fit Summary 选项卡，将试验数据进行模拟、建模、比对，最终选择试验最佳数学模型。锌浸出率的多种模型方差分析见表 7-5，铁浸出率的多种模型方差分析见表 7-6。

表 7-5　锌浸出率的多种模型方差分析

方差来源	平方和	自由度	均方	F 值	概率大于 F	备注
平均模型 vs 总计	1.549E+005	1	1.549E+005			
线性模型 vs 平均模型	56.25	3	18.75	63.53	<0.0001	
双因素 vs 线性模型	0.69	3	0.23	0.73	0.5575	
二次方程 vs 双因素	2.87	3	0.96	24.07	0.0005	建议采用
三次方程 vs 二次方程	0.052	3	0.017	0.31	0.8200	较差
剩余方差	0.23	4	0.056			
总　计	1.549E+005	17	9112.44			

表 7-6　铁浸出率的多种模型方差分析

方差来源	平方和	自由度	均方	F 值	概率大于 F	备注
平均模型 vs 总计	977.21	1	977.21			
线性模型 vs 平均模型	24.85	3	8.28	29.88	<0.0001	
双因素 vs 线性模型	0.45	3	0.15	0.48	0.7033	
二次方程 vs 双因素	2.96	3	0.99	36.36	0.0001	建议采用
三次方程 vs 二次方程	0.019	3	6.308E-003	0.15	0.9261	较差
剩余方差	0.17	4	0.043			
总　计	1005.67	17	59.16			

从表 7-5 及表 7-6 多种模型方差分析可知，锌、铁的浸出率响应曲面数学模型均应采用二次多项回归方程。

锌浸出率模型的 R^2 综合分析见表 7-7，铁浸出率模型的 R^2 分析见表 7-8。从表 7-7 中可以看出，锌浸出率采用二次多项回归方程其标准偏差为 0.052，预测残差平方和为 0.8200，建议使用。同理，从表 7-8 中可以看出，铁浸出率采用二次多项回归方程其标准偏差为 0.019，预测残差平方和为 0.9261，建议使用。

表 7-7　锌浸出率模型的 R^2 综合分析

类　型	标准偏差	R^2	R^2 校正值	R^2 预测值	预测残差平方和	备注
线性模型	3.61	9	0.40	7.10	0.0374	
双因素	2.92	6	0.49	8.62	0.0281	
二次方程	0.052	3	0.017	0.31	0.8200	建议采用
三次方程	0.000	0				较差
纯差	0.23	4	0.056			

表 7-8　铁浸出率模型的 R^2 综合分析

类　型	标准偏差	R^2	R^2 校正值	R^2 预测值	预测残差平方和	备注
线性模型	3.43	9	0.38	8.92	0.0249	
双因素	2.98	6	0.50	11.61	0.0164	
二次方程	0.019	3	6.308E-003	0.15	0.9261	建议采用
三次方程	0.000	0				较差
纯差	0.17	4	0.043			

对于三因素三水平的 BBD 设计，锌、铁浸出率相应曲面数学模型常采用二次多项回归方程式（7-3）表示。

$$Y = \beta_0 + \beta_1 X_1 + \beta_2 X_2 + \beta_3 X_3 + \beta_{11} X_1^2 + \beta_{22} X_2^2 + \beta_{33} X_3^2 +$$
$$\beta_{12} X_1 X_2 + \beta_{13} X_1 X_3 + \beta_{23} X_2 X_3 \tag{7-3}$$

二项式模型拟合质量的优劣是由决定系数（R^2）所决定的，使用二项式模型和方差分析（ANOVA）对数据进行拟合和分析，以获得自变量和响应变量之间的关系式。

7.3.4 模型方差分析

通过软件 Design-Expert 8.0 对表 7-4 数据进行多元二次回归响应曲面拟合，获得冶金尘泥硫酸浸出时，锌和铁浸出率的二次回归方程模型分别如式（7-4）和式（7-5）所示：

$$Y_1 = 95.93 + 2.24X_1 + 1.42X_2 + 0.14X_3 - 0.41X_1X_2 - 0.04X_1X_3 -$$
$$0.067X_2X_3 - 0.44X_{12} + 0.075X_{22} - 0.67X_{32} \tag{7-4}$$
$$Y_2 = 6.95 + 1.50X_1 + 0.88X_2 + 0.30X_3 + 0.28X_1X_2 - 0.15X_1X_3 +$$
$$0.11X_2X_3 + 0.36X_{12} + 0.57X_{22} + 0.41X_{32} \tag{7-5}$$

式中　Y_1——锌的浸出率；

Y_2——铁的浸出率；

X_1——硫酸浓度编码；

X_2——液固比编码；

X_3——反应时间编码。

锌浸出率模型方差分析结果见表 7-9。其中，$P \leqslant 0.01$ 为高度显著项，$P \leqslant 0.05$ 为显著项。表 7-10 所列为铁浸出率的模型方差分析结果。

表 7-9　锌浸出率的模型方差分析

方差来源	平方和	自由度	均方	F 值	P 值	备注
模型	59.80	9	6.64	167.24	<0.0001	显著
X_1	40.01	1	40.01	1006.91	<0.0001	
X_2	16.07	1	16.07	404.57	<0.0001	
X_3	0.17	1	0.17	4.16	0.0807	
X_1X_2	0.66	1	0.66	16.72	0.0046	
X_1X_3	6.400E-003	1	6.400E-003	0.16	0.7001	
X_2X_3	0.018	1	0.018	0.46	0.5200	
X_1^2	0.82	1	0.82	20.75	0.0026	
X_2^2	0.024	1	0.024	0.60	0.4653	
X_3^2	1.90	1	1.90	47.93	0.0002	
残差	0.28	7	0.040			

方差来源	平方和	自由度	均方	F 值	P 值	备注
失拟项	0.052	3	0.017	0.31	0.8200	不显著
纯误差	0.23	4	0.056			
总离差	60.08	16				

注：$R_{adj}^2 = 0.9894$。

R_{adj}^2是对回归方程式中变量过多的一种调整，$R_{adj}^2 = 1 - (1 - R^2)\dfrac{n-1}{n-k}$（其中，$n$ 为观测值的数量，k 为回归方程的项数）；R_{adj}^2越接近于 1，表示回归方程效果越好。

表 7-10 铁浸出率的模型方差分析

方差来源	平方和	自由度	均方	F 值	P 值	备注
模型	28.27	9	3.14	115.70	<0.0001	显著
X_1	17.94	1	17.94	660.79	<0.0001	
X_2	6.21	1	6.21	228.86	<0.0001	
X_3	0.70	1	0.70	25.86	0.0014	
X_1X_2	0.31	1	0.31	11.35	0.0119	
X_1X_3	0.093	1	0.093	3.43	0.1066	
X_2X_3	0.053	1	0.053	1.95	0.2054	
X_1^2	0.55	1	0.55	20.32	0.0028	
X_2^2	1.39	1	1.39	51.19	0.0002	
X_3^2	0.72	1	0.72	26.65	0.0013	
残差	0.19	7	0.027			
失拟项	0.019	3	6.308E−0.003			不显著
纯误差	0.17	4	0.043	0.15	0.9261	
总离差	28.46	16				

注：$R_{adj}^2 = 0.9847$。

由表 7-9 和表 7-10 可知，式（7-4）和式（7-5）的 F 值（F 为整个拟合过程的显著性）分别为 59.80、28.27，P 值（P 为不拒绝原假设的性质）小于 0.0001，表明回归方程高度显著，并且各实验因子对响应值之间呈非线性关系。锌铁浸出率的模型方差分析失拟项均不显著，表明模型方程模拟结果较好，相关系数 R^2 和 R_{adj}^2 是检验模型可信度和准确性的重要指标，R^2 和 R_{adj}^2 越靠近 1，表明模型越能有效反映实验的数据，R^2 和 R_{adj}^2 越靠近 0，表明模型越不能有效反映实验的数据。方程式（7-4）修正复相关系数 R_{adj}^2 为 0.9894，方程（7-5）式修正复相关系数 R_{adj}^2 为 0.9847。说明该模型能分别解释 98.94%、98.47%响应值的变化，模型具有较好的回归性。

因素一次项 X_1、X_2，二次项 X_1^2、X_3^2、交互项 X_1X_2 对锌的浸出率影响高度显著，一次项 X_1、X_2、X_3，二次项 X_1^2、X_2^2、X_3^2 对铁的浸出率影响高度显著，其余项均不显著。就单因素而言，根据 F 值越大因素影响越显著的原理，各因素及因素间的交互作用对锌浸出率影响显著性依次为 $X_1>X_2>X_1^2>X_3^2>X_1X_2$，对铁浸出率影响显著性大小依次为 $X_1>X_2>X_2^2>X_3^2>X_3>X_1^2>X_1X_2$。

表7-11、表7-12分别为锌、铁浸出率二次方程模型置信度分析。

表7-11 锌浸出率二次方程模型置信度分析

因素	参数估计	自由度	标准偏差	95%置信区间	95%置信区间	显著因素
取值	95.93	1	0.089	95.72	96.14	
X_1	2.24	1	0.070	2.07	2.40	1.00
X_2	1.42	1	0.070	1.25	1.58	1.00
X_3	0.14	1	0.070	−0.023	0.31	1.00
X_1X_2	−0.41	1	0.100	−0.64	−0.17	1.00
X_1X_3	−0.040	1	0.100	−0.28	0.20	1.00
X_2X_3	−0.067	1	0.100	−0.30	0.17	1.00
X_1^2	−0.44	1	0.097	−0.67	−0.21	1.00
X_2^2	0.075	1	0.097	−0.15	0.30	1.01
X_3^2	−0.67	1	0.097	−0.90	−0.44	1.01

注：X_1—硫酸浓度；X_2—液固比；X_3—反应时间。

表7-12 铁浸出率二次方程模型置信度分析

因素	参数估计	自由度	标准偏差	95%置信区间	95%置信区间	显著因素
取值	6.95	1	0.074	6.77	7.12	
X_1	1.50	1	0.058	1.36	1.64	1.00
X_2	0.88	1	0.058	0.74	1.02	1.00
X_3	0.30	1	0.058	0.16	0.43	1.00
X_1X_2	0.28	1	0.082	0.083	0.47	1.00
X_1X_3	−0.15	1	0.082	−0.35	0.042	1.00
X_2X_3	0.11	1	0.082	−0.080	0.31	1.00
X_1^2	0.36	1	0.080	0.17	0.55	1.01
X_2^2	0.57	1	0.080	0.38	0.76	1.01
X_3^2	0.41	1	0.080	0.22	0.60	1.01

注：X_1—硫酸浓度；X_2—液固比；X_3—反应时间。

7.3.5 模型可信度分析

图7-13是锌、铁浸出率预期值与实际值对比曲线。由图7-13可以看出，试

验值与预期值非常靠近，这说明预期模型与实验拟合度良好，试验过程误差小。其次，锌浸出率回归方程的相关性平方值 $R^2 = 0.9910$，铁浸出率回归方程的相关性平方值 $R^2 = 0.9857$，都接近于1，说明预期模型与试验拟合度极高，同时也说明应用响应曲面法优化锌、铁浸出条件的可行性。

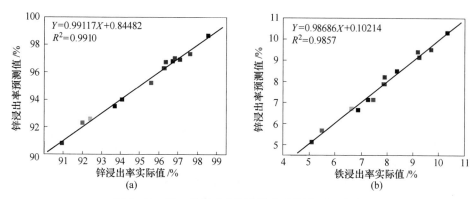

图 7-13　锌、铁浸出率预期值与实际值对比曲线

图 7-14 是锌、铁浸出率残差与方程预期值对应关系，残差是 Design Expert 软件预测值与实际值之间的误差。残差蕴含了有关模型基本假设的重要信息，如果回归模型正确的话，可以将残差看作误差的观测值。它应符合模型的假设条件，且具有误差的一些性质。利用残差所提供的信息，来考察模型假设的合理性及数据的可靠性称为残差分析。残差具有多种形式，内学生化残差用来表征标准偏差偏离实际、预测响应值的程度，在图形上表现为数据点是否呈现线性分布。外学生化残差是用于考虑各个响应值数据相对于拟合的回归方程是否为异常点。大部分学生化残差分布在±3.5 范围之内。

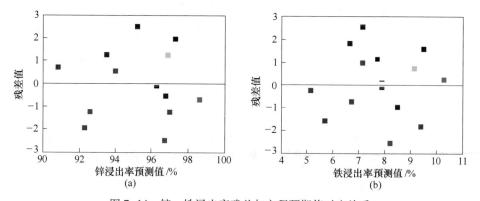

图 7-14　锌、铁浸出率残差与方程预期值对应关系

从图 7-14 中可以看出，学生化残差分布在±3.0 范围之内，且拟合点分布离散且无规律性，这说明了模型的准确性。

图7-15为内部学生残差与标准分布概率之间的关系。由图7-15可见，实验数据点呈现了线性分布，而且表明了回归模型拟合得较好，该直线上的数据点不存在任何问题，进一步证实了预测值与实际值较接近。

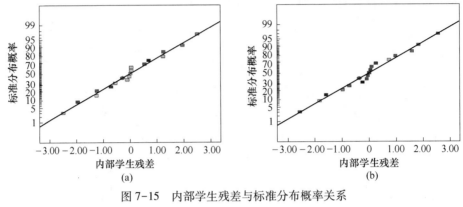

图 7-15 内部学生残差与标准分布概率关系
(a) 锌；(b) 铁

图7-16为内部学生残差与实验序号之间的关系。由图7-16可见，上述铁、锌浸出率进行的1~17次实验所有的学生化残差均分布在±3.0范围之内，且数据点随机分布，没有任何趋势，没有数据点超出范围。

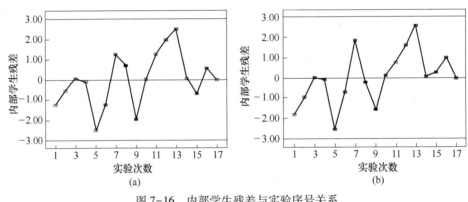

图 7-16 内部学生残差与实验序号关系
(a) 锌；(b) 铁

图7-17是锌及铁浸出率与主要影响因素之间的立方体关系图。从图上可以直观地看到，随着不同因素条件的改变，浸出率与其之间的立方体关系。

7.3.6 单一参数影响分析

由响应曲面模型可以得出硫酸浓度、反应时间、液固比中2个参数在中心点（即硫酸浓度0.5mol/L、液固比为6∶1、反应时间为30min）时单一浸出参数水平的变化对浸出率的影响，结果如图7-18和图7-19所示。

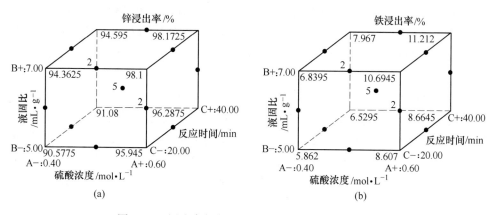

图 7-17 浸出率与主要影响因素之间的立方体关系

(a) 锌；(b) 铁

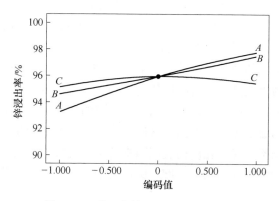

图 7-18 单一参数对锌浸出率的影响

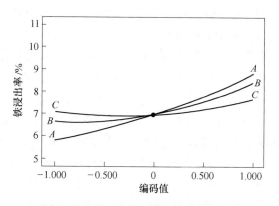

图 7-19 单一参数对铁浸出率的影响

由图 7-18 可以看出，增大硫酸浓度、反应时间或液固比都能提高冶金尘泥中锌的浸出率，增加反应时间则使浸出率先提高后降低。由参数水平逐渐增大的过程中浸出率的变化量可知，硫酸浓度对锌浸出率的影响最为显著、液固比次之、反应时间最小。因此，增大硫酸浓度和液固比是提高锌浸出率的最有效手段。

由图 7-19 可以看出，增大硫酸浓度、反应时间或液固比都能提高冶金尘泥中铁的浸出率。由参数水平逐渐增大的过程中浸出率的变化量可知，硫酸浓度对铁浸出率的影响最为显著、液固比次之、反应时间最小，因此增大硫酸浓度和液固比是提高铁浸出率的最有效手段。但是本次试验主要为了选择性浸出锌而抑制铁的浸出，所以在试验时应注意硫酸浓度与液固比应当适宜，否则浸出液中不仅浸出了锌，大量的铁也被浸出。

7.3.7 因素间交互作用

固定任一因素，考察两两因素之间的交互作用对锌、铁浸出率的影响。根据回归方程可以做出不同因子的响应分析图，直观地反映出各因素对响应值（锌、铁浸出率）的影响，并可以从响应分析图上了解各因素在浸出过程中的相互作用，从而确定各因素的最佳水平范围。从图 7-20～图 7-31 的响应等高线图和曲面图可以看出各因素交互作用对响应值的影响。

等高线形状和三维曲面可以反映出交互效应的强弱，在响应曲面顶点附近的区域，响应曲面的坡度能够反映出因素的影响程度：若坡度相对平缓，表明该因素对响应值的影响不明显，相反则表明因素的影响较大。等高线图的轮廓能直观地表现出两因素之间交互作用的程度：圆形表示交互作用不显著，椭圆形表示交互作用显著。

7.3.7.1 硫酸浓度与液固比的交互影响

图 7-20～图 7-23 为硫酸浓度和液固比之间的交互作用对锌、铁浸出率影响的响应面和等高线图。从图中可以看出，硫酸浓度与液固比对锌、铁浸出率均有较显著的影响。当固定反应时间为 30min，在一定的液固比条件下，增加硫酸浓度能快速有效地提高锌、铁的浸出率，且等高线颜色变化较明显，等高线近似为椭圆，且响应曲面图比较陡，说明硫酸浓度与液固比的交互效应对锌、铁浸出率影响都比较显著，该响应分析与表 7-9、表 7-10 中分析一致。随着硫酸浓度的增加，锌、铁浸出率表现出增长的趋势，分析原因主要是随着硫酸浓度的增加，溶液中电离出的 H^+ 浓度增加，在液固接触面积相同的条件下，有更多的 H^+ 与尘泥反应，从而提高锌的浸出率。但酸度超过一定值后，对锌浸出率的影响趋缓。而铁的浸出率在增长。这可能是因为随着酸度增加到一定程度，锌已基本浸出完全，而铁浸出率持续增加，使得溶解的铁形成的胶体对锌的吸附增强而使锌夹带进入渣中。

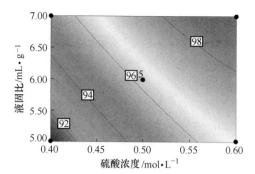

图 7-20 硫酸浓度和液固比对锌浸出率
交互作用等高线图

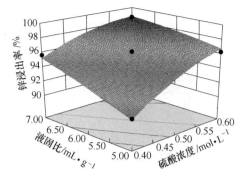

图 7-21 硫酸浓度和液固比对锌浸出率
交互作用响应面图

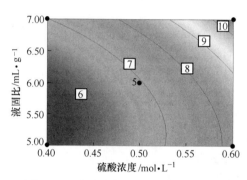

图 7-22 硫酸浓度和液固比对铁浸出率
交互作用等高线图

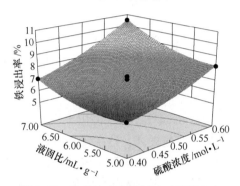

图 7-23 硫酸浓度和液固比对铁浸出率
交互作用响应面图

7.3.7.2 硫酸浓度和反应时间的交互影响

图 7-24~图 7-27 为硫酸浓度和反应时间之间的交互作用对锌、铁浸出率影响的响应面和等高线图。

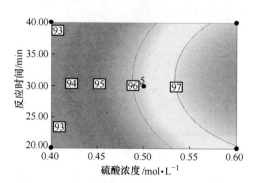

图 7-24 硫酸浓度和反应时间对锌浸出率
交互作用等高线图

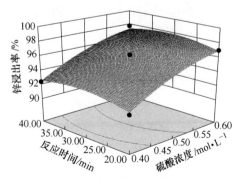

图 7-25 硫酸浓度和反应时间对锌浸出率
交互作用响应面图

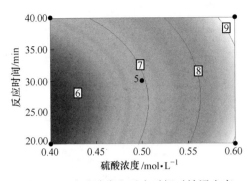

图 7-26 硫酸浓度和反应时间对铁浸出率
交互作用等高线图

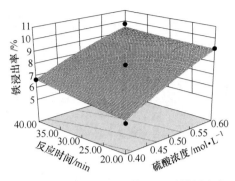

图 7-27 硫酸浓度和反应时间对铁浸出率
交互作用响应面图

当液固比为 6∶1 时，增加反应时间和提高硫酸浓度对锌、铁的浸出均有促进作用，图 7-24 中硫酸浓度对应的曲线相对较陡，说明硫酸浓度对锌浸出影响较浸出反应时间显著。图 7-27 中响应曲面较平，说明硫酸浓度与反应时间对铁的浸出率的交互作用不显著。当浸出时间为 40min 时，硫酸浓度由 0.4mol/L 增加到 0.6mol/L，锌的浸出率由 92.59% 提高到 97.32%。增大硫酸浓度能使锌的浸出率明显提高，这主要是因为在其他条件不变的情况下，增大硫酸浓度能有效增加参与反应的氢离子浓度，从而有利于锌的浸出。

7.3.7.3 液固比和反应时间的交互影响

图 7-28~图 7-31 为液固比和反应时间之间的交互作用对锌、铁浸出率影响的响应面和等高线图。

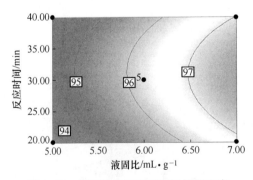

图 7-28 液固比和反应时间对锌浸出率
交互作用等高线图

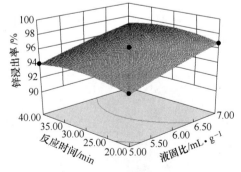

图 7-29 液固比和反应时间对锌浸出率
交互作用响应面图

当硫酸浓度为 0.5mol/L 时，随着浸出时间的增加和液固比的提高，锌、铁的浸出率均表现出增长的趋势，图 7-28 液固比对应的曲线相对较陡，说明液固比对锌浸出影响较反应时间显著。相反对铁浸出率的交互效应不显著，与表7-10

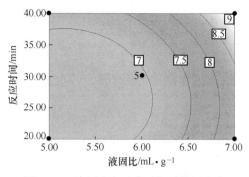

图 7-30 液固比和反应时间对铁浸出率
交互作用等高线图

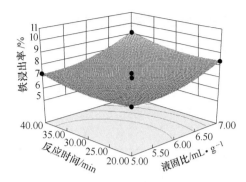

图 7-31 液固比和反应时间对铁浸出率
交互作用响应面图

分析相呼应。当反应时间为 40min 时，液固比由 5∶1 增加到 7∶1，锌的浸出率由 94.00% 提高到 97.00%。增大液固比能使锌的浸出率明显提高，这是由于冶金尘泥在硫酸溶液中的浸出是一个非均相反应过程，在其他条件不变的情况下，增大液固比能有效增大液固相间的接触面积，也会降低内扩散阻力。

7.3.8 最佳浸出工艺条件及模型验证

由于原料中锌与铁共生，用稀硫酸浸出冶金尘泥时，希望锌尽量转入浸出液中，而铁尽量保留于浸出渣中。设定锌浸出率大于 91.60% 中铁浸出率最低为最优条件，通过软件 Design-Expert 8.0 进行优化分析，得到最优的选择性浸出条件如下：硫酸浓度为 0.55mol/L、液固比为 6.7∶1、反应时间为 29.26min，此条件下模型预测锌的浸出率达到 97.83%，而铁的浸出率仅为 8.57%。

为验证响应曲面模型的准确性，在最优浸出条件下进行 3 组验证实验，试验结果见表 7-13。

表 7-13 浸出最优条件下的验证试验结果

试验编号	试验条件			浸出率/%	
	硫酸浓度/mol·L^{-1}	液固比/mL·g^{-1}	反应时间/min	锌	铁
1	0.55	6.7∶1	29.26	97.45	8.82
2	0.55	6.7∶1	29.26	97.81	8.75
3	0.55	6.7∶1	29.26	97.69	8.91

由表 7-13 可知，锌的浸出结果分别为 97.45%、97.81%、97.69%，平均值为 97.65%，与预测值的相对误差为 0.24%；铁的浸出结果分别为 8.82%、8.75%、8.91%。平均值为 8.83%，与预测值的相对误差为 0.26%。两者偏差较小。

7.4 浸出渣微观结构分析

7.4.1 浸出渣化学多元素分析

在最佳浸出工艺条件下进行了浸出试验，对浸出渣进行化学多元素分析，见表 7-14。

表 7-14 浸出渣化学多元素分析 （%）

元素	TFe	Zn	MgO	SiO_2	CaO	Al_2O_3	TiO_2	P_2O_5	K_2O	Cl
含量	17.23	0.50	0.08	10.57	0.40	4.13	0.31	0.04	0.12	0.16

对比浸出前冶金尘泥原料的化学多元素分析，经过浸出后浸出渣中全铁品位为 17.23%，铁含量有一定富集，基本留在浸出渣中；锌元素含量为 0.5%，说明大部分被浸出，其他硅酸盐类矿物如 SiO_2 等也基本留在浸出渣中。

表 7-15 为常温下不同金属氧化物浸出的酸度值，由表分析可知：

（1）MnO、ZnO、FeO 等在较低的酸度下较容易浸出，而 Fe_2O_3、Fe_3O_4 等则较难被酸浸出。

（2）对多价金属的氧化物而言，其低价的易被浸出，而高价的则相对较难，如 Fe_2O_3 则远比 FeO 难浸出。

冶金尘泥中铁、锌主要是以金属氧化物的形式存在，锌主要以氧化锌形式存在，铁以氧化铁和四氧化三铁存在，而铜、镍、钴、镉等其他金属氧化物含量较低。在硫酸浸出过程中，锌、铜、镍、钴、镉等金属氧化物均被浸出，二价铁的氧化物较易溶解，三价铁的氧化物在控制好硫酸浓度条件下较难浸出。通过控制浸出实验条件，可以使锌尽量被浸出而铁留在渣中。

表 7-15 某些金属氧化物的 $pH^{\ominus}_{298}$

氧化物	MnO	CdO	CoO	FeO	NiO	ZnO	CuO	Fe_2O_3	Fe_3O_4	$ZnO \cdot Fe_2O_3$
$pH^{\ominus}_{298}$	8.98	8.69	7.51	6.8	6.06	5.80	3.95	−0.23	0.89	0.67

7.4.2 浸出渣 XRD 分析

在上述最佳工艺参数条件下进行了浸出试验，浸出渣的 XRD 分析见图7-32。

由图 7-32 可知，红锌矿（ZnO）所对应的主峰有明显的减弱，证明原料中氧化锌矿物绝大部分都被浸出进入浸出液中（式（7-6））。同时也可以看出，沸石、方解石等（式（7-9）、式（7-10）、式（7-13））硅酸盐矿物在浸出渣中的主峰相比原料也有明显减弱。同时赤铁矿、磁铁矿在硫酸中浸出时需要一定的酸

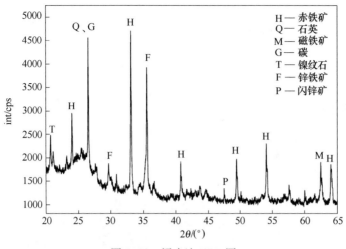

图 7-32　浸出渣 XRD 图

度，浸出渣中的主峰相比原料没有明显的变化（式（7-11）和式（7-12）），说明该酸浸工艺抑制了铁的浸出。

经浸出后物相组成发生明显改变，其原因是物料在酸浸过程中发生了如下化学反应：

$$ZnO + H_2SO_4 \longrightarrow Zn^{2+} + SO_4^{2-} + H_2O \tag{7-6}$$

$$ZnFe_2O_4 + 4H_2SO_4 \longrightarrow Zn^{2+} + SO_4^{2-} + Fe_2(SO_4)_3 + 4H_2O \tag{7-7}$$

$$ZnFe_2O_4 + 4H_2SO_4 \longrightarrow Zn^{2+} + SO_4^{2-} + Fe_2O_3 + H_2O \tag{7-8}$$

$$CaCO_3 + H_2SO_4 \longrightarrow CaSO_4 + CO_2 + H_2O \tag{7-9}$$

$$CaO + H_2SO_4 \longrightarrow CaSO_4 + H_2O \tag{7-10}$$

$$Fe_2O_3 + H_2SO_4 \longrightarrow Fe_2(SO_4)_3 + 3H_2O \tag{7-11}$$

$$Fe_3O_4 + 4H_2SO_4 \longrightarrow FeSO_4 + Fe_2(SO_4)_3 + 4H_2O \tag{7-12}$$

$$MgO + H_2SO_4 \longrightarrow MgSO_4 + H_2O \tag{7-13}$$

由于冶金尘泥中存在部分铁酸锌，铁酸锌在矿物上属于尖晶石型晶格，它的晶格结构比氧化锌坚固得多，在强酸和强碱中均较难被溶解，因此反应式（7-7）和式（7-8）在常温下反应速度很慢，但是如果浸出温度较高则此反应速度很快，因此在 XRD 图谱中可以看到锌铁矿的主峰没有发生明显变化。据资料表明，在有些工艺中，在浸出前补加焙烧工艺，使铁酸锌在焙烧时转化成可被浸出的锌的化合物，即可大大提高锌的浸出率。

7.4.3　浸出渣 SEM-EDS 分析

对两份代表性的浸出渣分别进行了 SEM-EDS 面扫，其中一份放大 100 倍，另外一份放大 200 倍，结果如图 7-33 和图 7-34 所示。

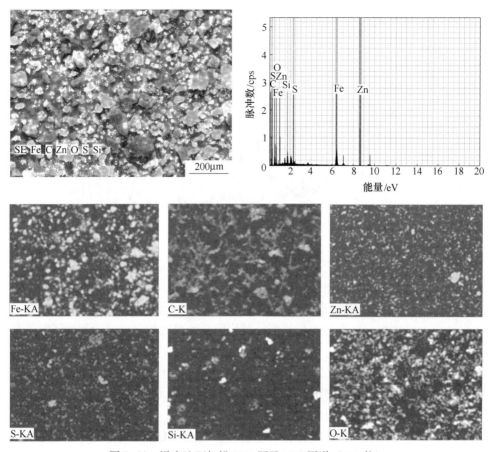

图 7-33 浸出渣面扫描 SEM 图及 EDS 图谱（200 倍）

浸出渣中分别放大 200 倍、100 倍的 SEM 图像，如图 7-33 和图 7-34 所示，结合浸出渣的 EDS 图谱可以看出，经过硫酸体系浸出后的浸出渣中，相对于预处理后原料其元素组成变化不大，根据 EDS 峰的强度也可以初步判断经过硫酸

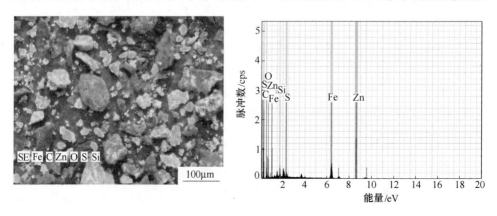

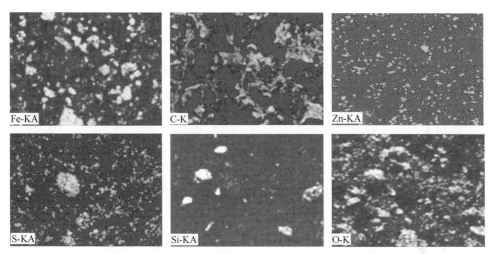

图 7-34 浸出渣面扫描 SEM 图及 EDS 图谱（100 倍）

体系浸出后，浸出渣中锌元素含量有降低，而铁元素等的含量则未发生明显变化。由此可以推测该浸出体系对原料的浸出效果较为明显，同时硅元素峰也有减弱，说明在浸出过程中含硅组分可能也发生了溶解反应，这也与前述单条件试验结果以及浸出渣的化学成分分析、XRD 分析结论相对应。

对浸出渣的局部区域进行了 EDS 分析，对所选区域部分点进行能谱分析见图 7-35，各选择区的 EDS 分析见图 7-36，质量分数分布情况见表 7-16。

图 7-35 浸出渣能谱分析选择区

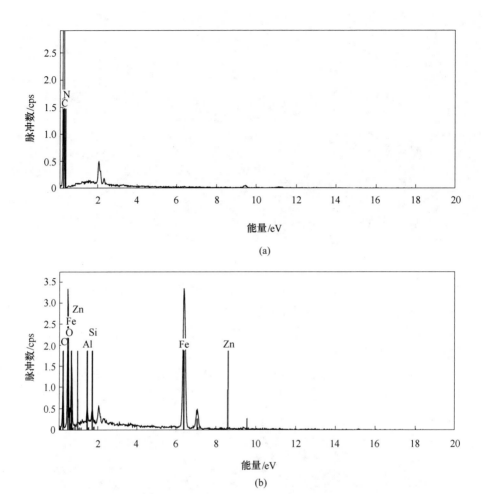

(a)

(b)

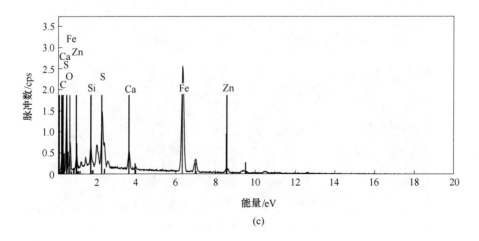

(c)

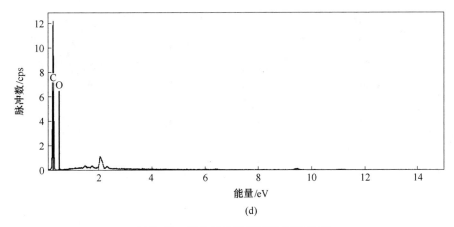

图 7-36 浸出渣各选择区图 EDS 分析

(a) 1 号; (b) 2 号; (c) 3 号; (d) 4 号

表 7-16 各选区能谱分析结果

成分	O-K	Zn	Al-K	Si-K	S-K	Ca-K	Fe-K	C-K	Mg-K	Cl-K	N-K
1 号								97.43			2.57
2 号	27.11	0.64	0.66	0.51			44.79	16.04			
3 号	13.92	3.21		1.46	4.00	2.10	28.74	6.52			
4 号	3.69							96.11			

由浸出渣 SEM-EDS 扫描电镜与能谱图,可以发现锌元素的含量有很大程度的减弱,而铁元素则未发生明显变化,且可以明显地看出浸出后浸出渣表面基本无微细粒矿物附着,出现了较为明显的褶皱及孔隙,有部分浸渣表面出现溶蚀痕迹,由此可以推测该浸出体系对原料的浸出效果较为明显。且由上述 2 号区域可知锌大部分被浸出,而含铁氧化物则被留在浸出渣中,这与前面分析对应,由 1 号、4 号点可知,含碳化合物在浸出前后变化不大。

图 7-37 为浸出渣 SEM 图像。由图可以看出,经过浸出处理的矿粒的小部分表面被一些小颗粒的聚集体覆盖,未被覆盖的裸露表面均有十分明显的溶蚀痕迹,且出现定向排列的裂痕,呈现出光滑平整的晶面,说明浸出时是沿着某些晶面反应。因此,硫酸体系对该低品位高炉瓦斯泥的浸出效果较好,与实际浸出试验结论相符。

7.5 本章小结

以硫酸作为浸出剂,对水力旋流器的溢流产品以及铁碳分选后的尾矿进行了浸出试验,在一系列单条件实验的基础上,通过响应曲面法设计及优化浸出试验

图 7-37　浸出渣 SEM 图

条件，得出了最优的浸出工艺条件，并进行了验证试验，同时对浸出渣进行了化学多元素分析、XRD 衍射分析、SEM-EDS 扫描电镜及能谱分析，得到以下结论：

（1）通过对冶金尘泥的硫酸浸出试验，确定了最佳浸出实验条件为：在硫酸浓度为 0.5mol/L、液固比为 6∶1、搅拌速度为 300r/min 的条件下常温下浸出，最终锌浸出率可以达到 96.30%，铁的浸出率为 7.88%。

（2）应用 Design-Expert 8.0 软件和 BBD 响应曲面设计原理建立了锌、铁浸出率对硫酸浓度、液固比、反应时间的多元二次回归方程；ANOVA 分析和论证表明：液固比和硫酸浓度对锌、铁浸出率的影响高度显著，而反应时间的影响较小；液固比和硫酸浓度的交互作用对锌、铁的浸出率影响也比较显著。Design-Expert 8.0 软件优化的选择性浸出锌、铁的最优工艺条件为：硫酸浓度为 0.55mol/L、液固比为 6.7∶1、反应时间为 29.26min，在此条件下时模型预测锌的浸出率可达到 97.83%、铁的浸出率仅为 8.57%。在最佳参数条件下进行了三次验证实验，锌、铁平均浸出率分别为 97.65% 和 8.83%。与预测值的相对误差分别为 0.24% 与 0.26%，偏差较小。模型预测值与实验值无显著差异，说明所建立的模型可信度高，试验设计合理。

（3）对比浸出前后原料与浸出渣化学多元素分析、XRD 分析以及 SEM-EDS 扫描电镜与能谱图，可以发现含锌原料被很好地浸出，而铁、碳等元素则大部分被留在浸出渣中，可以推测该浸出体系对原料的浸出效果较为明显，与实际浸出试验结论相符。

8 含锌冶金尘泥硫酸浸锌动力学研究

浸出过程动力学是研究浸出速度及其相关影响因素的学科。浸出过程是发生于固-液界面的多相化学反应过程，它与焙烧过程的同一气界面的多相化学反应及溶液萃取中的液-液界面的反应相同，其反应速度均由吸附、化学反应和扩散三个步骤决定。在研究非催化的多相反应动力学时发现，相界面的吸附速度很大，很快达吸附平衡。多相反应的反应速度主要决定于扩散速度和化学反应速度。以扩散速度为控制步骤时，多相反应处于扩散区；以化学反应速度为控制步骤时，多相反应处于动力学区；以扩散速度和化学反应速度联合控制时，多相反应处于过渡区。

对于许多固-液多相化学反应而言，扩散经常是速度最慢的步骤。多相化学反应速度与反应物在界面处的浓度、反应生成物在界面处的浓度及性质、界面的性质及面积、界面几何形状及界面处有无新相生成等因素有关。本章将从湿法冶金动力学基本原理出发，探讨浸出过程动力学影响因素，根据试验结果确定锌、铁浸出过程中反应速率的限制环节，求得其表观活化能并推导出浸出动力学方程。

8.1 硫酸浸锌动力学基础

8.1.1 未反应核收缩模型

浸出过程属多相反应过程。某些有气态组分参加的反应为气-液-固相之间的反应，而氧化锌矿的浸出反应为液-固相之间的反应。按照核收缩模型，液-固反应过程如图 8-1 所示。

由图 8-1 可知，整个浸出过程经历下列步骤：

（1）浸出剂通过扩散层向矿粒表面扩散（外扩散）；

（2）浸出剂进一步扩散通过固体膜（内扩散）；

（3）浸出剂与矿粒发生化学反应，与此同时也伴随有吸附或解吸过程；

（4）生成的不溶产物层使固体膜增厚，而生成的可溶性产物扩散通过固体膜（内扩散）；

（5）生成的可溶性产物扩散到溶液中（外扩散）。

浸出过程满足以下规律：

（1）浸出速度随反应总阻力的增大而减小，总阻力包括浸出剂外扩散阻力、浸出剂内扩散阻力、化学反应阻力及生成物外扩散阻力。

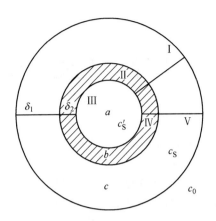

图 8-1 液-固反应未反应核收缩模型

a—未反应的矿粒核；b—反应生成的固体膜或浸出的固体残留物；c—浸出剂的扩散层；
c_0—浸出剂在水中的浓度；c_S—浸出剂在固体表面处的浓度；c'_S—浸出剂在反应区的浓度；
δ_1—浸出剂扩散层的有效厚度；δ_2—固膜厚度

（2）当反应平衡常数很大，即反应基本上不可逆时，反应速度决定于浸出剂的内扩散阻力、外扩散阻力和化学反应阻力，而生成物外扩散阻力对浸出速度的影响可忽略不计。

（3）浸出速度取决于最慢的步骤。例如在外扩散步骤最慢，以至外扩散的阻力远大于其他各过程阻力时，外扩散过程成为控制性步骤，此时浸出过程为外扩散控制。若同时有两个步骤的速度相差不大，且远小于其他步骤，则浸出过程由两者混合控制。

（4）不论哪个步骤成为控制步骤，浸出过程速度总是约等于浸出剂的浓度除以控制步骤的阻力。

研究浸出动力学的主要任务就是查明给定浸出化学反应过程的控制步骤，从而针对性地采取措施进行强化。得到动力学模型的过程是：将反应时间和对应的浸出率代入模型进行拟合，如果模型中的浸出率函数与时间函数呈线性关系，可以认为浸出过程属于该模型。

（1）当反应受化学反应控制时，此时液-固相反应遵循以下动力学方程：

$$1 - (1 - R)^{1/3} = k't \tag{8-1}$$

$$k' = k\frac{c_0^n}{r\rho}t \tag{8-2}$$

式中　R——浸出率；

　　k——化学反应速度常数；

　　k'——综合速率常数；

　　t——反应时间；

ρ——固体的密度；

c——反应物的浓度；

r——假定固体颗粒为球形时颗粒的半径。

分析式（8-1）、式（8-2）可知，当反应为化学反应控制时，在同样的反应时间 t 的情况下，增大反应剂的浓度、细磨降低颗粒粒度、增加温度等措施以增大反应的 k 值，都有利于提高反应的浸出率。

（2）当反应受外扩散控制时，此时液-固相反应遵循以下动力学方程：

$$1 - (1 - R)^{2/3} = k' \tag{8-3}$$

$$k' = \frac{c_0 D_1 A}{\alpha \delta_1} \tag{8-4}$$

$$R = k't \tag{8-5}$$

式中　R——浸出率；

k'——化学反应速度常数；

t——反应时间；

δ_1——固体的密度；

c_0——反应物的浓度；

α——流体相中反应剂的消耗与固体反应的量的比例系数；

A——界面面积；

D_1——扩散系数。

假定固体颗粒为球形时颗粒的半径。分析式（8-3）和式（8-4）可知，当外扩散控制时，在保证一定浸出率的情况下，为缩短反应时间 t，应增大浸出剂浓度、减小颗粒的原始半径、加强搅拌以减小扩散层厚度。

（3）当反应受内扩散控制时，此时液-固相反应遵循以下动力学方程：

$$1 - \frac{2}{3}R - (1 - R)^{2/3} = k't \tag{8-6}$$

$$k' = \frac{2D_2 c_0}{r_0^2 \alpha \rho}t \tag{8-7}$$

式中　R——浸出率；

k'——化学反应速度常数；

t——反应时间；

r_0——物料原始粒度；

ρ——固体的密度；

c_0——反应物的浓度；

α——流体相中反应剂的消耗与固体反应的量的比例系数；

D_2——扩散系数。

分析式（8-6）、式（8-7）可知，当过程为内扩散控制时，提高反应浸出率的主要措施包括：

（1）通过细磨降低物料的原始粒度 r_0；

（2）提高反应剂的浓度 c_0；

（3）通过提高温度等措施，增大扩散系数 D_1。

无论浸出反应受外扩散、内扩散或者化学反应控制，都有其各自的特征。

（1）当浸出反应速率由化学反应控制时，其特征为：

1）浸出过程的速率或浸出率随温度的升高而迅速增加，其表观活化能应大于 41.8kJ/moL；

2）反应速度与浸出剂速度的 n 次方呈比例；

3）搅拌过程对浸出速率无明显影响；

4）$1-(1-\varepsilon)^{1/3}$ 值与浸出时间呈直线关系且过原点（ε 为浸出率）。

（2）当浸出反应速率由外扩散控制时，其特征为：

1）其表观活化能较小，为 4~12kJ/moL；

2）加快搅拌速度和提高浸出剂浓度能迅速提高浸出率；

3）$1-(1-\varepsilon)^{1/3}$ 值与浸出时间呈直线关系且过原点。

（3）当浸出反应速率由内扩散控制时，其特征为：

1）其表观活化能较小，为 4~12kJ/moL；

2）原矿粒度对浸出率有明显的影响；

3）搅拌速度对浸出率几乎没有影响；

4）$1-\dfrac{2}{3}\varepsilon-(1-\varepsilon)^{2/3}$ 值与浸出时间呈直线关系。

故对于冶金尘泥浸出过程而言，可以通过以上特征对冶金尘泥浸锌速率进行判定，判断其受化学反应、外扩散、内扩散三个速率中哪个控制。

8.1.2 Avrami 模型

当常温条件下原料在很短时间内浸出率达到了很大值，此时这种情况浸出曲线不符合前面所述的广泛采用的未反应核收缩模型。一般采用 Avrami 模型作为浸出的动力学模型，其形式为：

$$-\ln(1-\eta)=kt^n \tag{8-8}$$

式中　η——金属浸出率，%；

　　　t——反应时间，min；

　　　k——浸出反应速率常数；

　　　n——矿物中晶粒性质和几何形状的参数（简称晶粒参数），且不随浸出条件而改变。

研究表明当 $n \le 1$ 时，浸出过程属于初始反应速度极大但反应速度随时间增长不断减小的浸出类型；其中当 $n=1$ 时，浸出过程为化学反应控制；$0.5 \le n < 1$ 时，浸出过程为化学反应控制和扩散控制的混合控制类型；当 $n < 0.5$ 时，浸出过程为扩散控制过程。以 $\ln[-\ln(1-\eta)]$ 对 $\ln t$ 作图，不同浓度（温度）下线性回归方程斜率的均值即为晶粒参数。

将所确定的 n 均值和相关数据代入式（8-8）中，以 $-\ln(1-\eta)$ 对 t^n 作图，并对图中各组数据进行线性拟合，各回归方程所得的斜率即为对应温度下的反应速率常数 k，反应表观速率常数 k 与绝对温度 T 的关系可以用 Arrhenius 公式表示：

$$k = A \cdot e^{-E/RT} \tag{8-9}$$

式中　A——频率因数；

　　　E——反应的表观活化能；

　　　R——气体常数。

式（8-9）取对数，得：

$$\ln k = \ln A - E/RT \tag{8-10}$$

由式（8-10）可知，以 $\ln k$ 对 $1/T$ 作图，可以得到一条直线，该直线的斜率为 $-E/R$，由此可以计算出表观活化能 E 的值；由截距 $\ln A$ 可求出频率因数 A 的值。表观活化能指一般分子变为活化分子所需的最小能量，它是判断反应控制步骤的一个重要参数。一般冶金化学反应由扩散过程控制时，表观活化能小于 10kJ/mol，界面化学反应控制时的活化能则在 40kJ/mol 以上。

8.2　硫酸浸锌动力学研究

浸出动力学研究的目的在于确定浸出速度与一些基本参数（如温度、浸出剂浓度）的关系，综合前述含锌尘泥条件试验，常温条件下在很短时间内锌浸出率达到了较大值，分析可知这种情况浸出曲线不符合广泛采用的未反应核收缩模型。本书采用 Avrami 模型作为含锌尘泥硫酸浸出的动力学模型，其形式为：

$$-\ln(1-\eta) = kt^n$$

$$k = k_0 c^N \exp\left(\frac{E_a}{RT}\right) \tag{8-11}$$

式中　η——锌浸出率，%；

　　　t——反应时间，min；

　　　k——浸出反应速率常数；

　　　n——矿物中晶粒性质和几何形状的参数（简称晶粒参数），且不随浸出条件而改变；

　　　k_0——指前因子（一个只由反应本性决定而与反应温度及系统中物质浓度无关的常数）；

    c——浸出剂浓度；

    N——反应级数；

    E_a——反应活化能；

    R——气体常数；

    T——反应温度（热力学温度）。

8.2.1 晶粒参数的确定

为了考察随时间变化，不同温度对锌浸出速率的影响，在硫酸浓度为 0.5mol/L、液固比为 6∶1、搅拌速度为 300r/min，浸出温度分别为 25℃、50℃、70℃ 的条件下进行浸出温度的浸出动力学试验。图 8-2 为在不同反应温度下锌浸出率随反应时间变化的趋势。

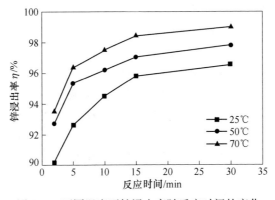

图 8-2 不同温度下锌浸出率随反应时间的变化

控制液固比为 6∶1、浸出温度为 25℃、在搅拌速度为 300r/min，硫酸浓度分别为 0.3mol/L、0.4mol/L、0.5mol/L 的条件下进行硫酸浓度的浸出动力学试验。

图 8-2 为在不同反应时间下锌浸出率随反应时间变化的趋势。由图 8-2 可知，不同温度下锌浸出率都随时间增加而不断增加，反应初始阶段锌浸出率达到了 90% 左右，但随着时间增加锌浸出速率不断下降，最后趋于平缓。当温度控制在 70℃ 时，锌的浸出率达 98.00%。这主要是因为反应温度的增加会增加浸出的反应速率，而温度的增加，溶液的黏度降低，这加速了含锌冶金尘泥表面的化学反应，同时随着反应的进行，参与反应的氢离子逐渐减少，反应变慢。

由图 8-3 可知，随着硫酸浓度的增加，锌浸出率都随时间增加而不断增加，反应初始阶段锌浸出率达到了 78% 左右，但随着时间不断增加，锌浸出速率逐渐降低。分析原因主要是因为提高硫酸浓度会相应地增加氢离子浓度，有利于冶金尘泥中锌的浸出，而随着反应时间的延长，溶液中氢离子也逐渐消耗，锌浸出率变化逐渐变缓。

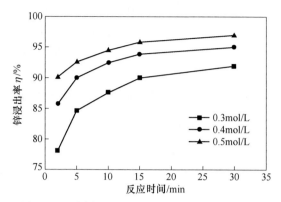

图 8-3　不同硫酸浓度下锌浸出率随时间的变化

将图 8-2 和图 8-3 试验数据代入式（8-11），以 $\ln[-\ln(1-\eta)]$ 对 $\ln t$ 作图，结果如图 8-4 和图 8-5 所示。

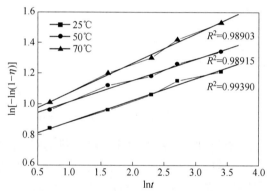

图 8-4　不同温度下 $\ln[-\ln(1-\eta)]$ -$\ln t$ 关系

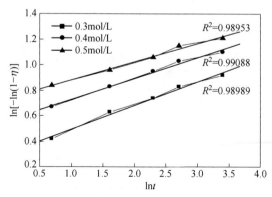

图 8-5　不同硫酸浓度下 $\ln[-\ln(1-\eta)]$-$\ln t$ 关系

由拟合曲线可以看出，不同温度、不同硫酸浓度下的浸出动力学曲线均为直线

（其线性相关系数的绝对值均接近于 1），但由于该浸出原料为冶金尘泥，矿物组成相对复杂，故在浸出初期，锌的浸出率较高，导致得到的动力学曲线没有通过坐标原点。对图 8-4 和图 8-5 数据进行线性回归，所得 6 个回归方程的斜率（k 值分别为 0.14172、0.1384、0.19248、0.18529、0.16303 与 0.14172）的均值即为冶金尘泥硫酸浸出时的晶粒参数 $n=0.1604$。由于 $n<0.5$，说明浸出过程受扩散控制。

8.2.2 表观活化能和指前因子的确定

将所确定的 n 值和图 8-3 试验数据代入式（8-11），以 $-\ln(1-\eta)$ 对 t^n 作图，结果如图 8-6 所示。

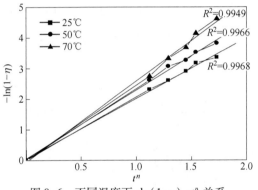

图 8-6 不同温度下 $-\ln(1-\eta)$–t^n 关系

对图 8-6 数据进行线性回归，各回归方程的斜率即为对应温度下的反应速率常数 k（分别为 1.98396、2.34822、2.65342），然后将 k 值和温度值代入式（8-11），以 $\ln k$ 对 $1/T$ 作图，结果如图 8-7 所示。对数据进行线性回归，利用回归方程的斜率和常数项，可求得含锌冶金尘泥硫酸浸出时的表观活化能 $E_a=10.02\text{kJ/mol}$、指前因子 $k_0=10.9479$。

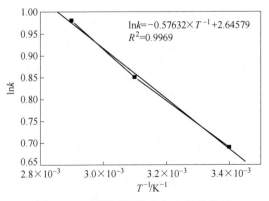

图 8-7 不同温度下 $\ln k$ 与 $1/T$ 的关系

8.2.3 反应级数的确定

将所确定的 n 值和图 8-5 试验数据代入式（8-11），以 $-\ln(1-\eta)$ 对 t^n 作图，结果如图 8-8 所示。

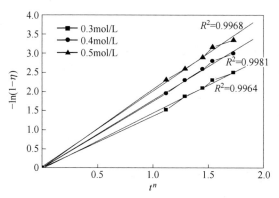

图 8-8 不同硫酸浓度下 $-\ln(1-\eta)$-t^n 关系

对图 8-8 数据进行线性回归，各回归方程的斜率即为对应硫酸浓度下的反应速率常数 k（分别为 1.46189、1.77132、1.98396），然后将 k 值、E_a 值和硫酸浓度值代入式（8-11），以 $\ln k$ 对 $\ln c$ 作图，结果如图 8-9 所示。对数据进行线性回归，回归方程的斜率即为冶金尘泥硫酸浸出时的反应级数 $N=0.6669$。

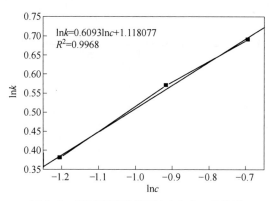

图 8-9 不同硫酸浓度下 $\ln k$ 与 $\ln c$ 的关系

8.2.4 浸出动力学方程及其意义

将上述求出的模型参数代入式（8-11），可得到冶金尘泥常压硫酸浸出的宏观动力学方程为：

$$-\ln(1-\eta) = 10.9479 \times \exp\left(-\frac{1.002 \times 10^4}{RT}\right) c^{0.6669} t^{0.1604} \qquad (8-12)$$

从动力学方程可知，表观活化能 10.02kJ/mol，小于 40kJ/mol，通常这类反应的速度比较快。但晶粒参数 $n = 0.1604$，表明浸出过程受扩散控制，由于化学反应较快，因此强化扩散效应能够更有效地提高锌的浸出效率。

8.3 本章小结

通过对冶金尘泥中锌的浸出动力学进行研究，并探讨了硫酸浓度、液固比、对锌浸出率的影响规律，主要得到以下几点结论：

（1）不同温度下锌浸出率都随时间增加而不断增加，反应初始阶段锌浸出率达到了 90% 左右，但随着时间增加锌浸出速率不断下降，最后趋于平缓。这主要是因为反应温度的增加会增加浸出的反应速率，而温度增加，溶液的黏度降低，这加速了含锌冶金尘泥表面的化学反应，同时随着反应的进行，参与反应的氢离子逐渐减少，反应变慢。

（2）随着硫酸浓度的增加，锌浸出率都随时间增加不断增加，但随着时间不断增加，锌浸出速率逐渐降低。分析原因主要是因为提高硫酸浓度会相应地增加氢离子浓度，有利于含锌冶金尘泥中锌的浸出，而随着反应时间的延长，溶解的铁也逐渐增多，形成氢氧化铁胶体覆盖在瓦斯泥原料表面，使得浸出率变化逐渐变缓。

（3）冶金尘泥常压硫酸浸出过程符合 $n = 0.1604$ 的 Avrami 动力学模型，表观活化能 10.02kJ/mol，说明过程扩散控制，冶金尘泥常压硫酸浸出的宏观动力学方程为：

$$-\ln(1 - \eta) = 10.9479 \exp\left(-\frac{1.002 \times 10^4}{RT}\right) c^{0.6669} t^{0.1604}$$

9 含锌冶金尘泥硫酸浸锌浸出热力学理论基础

化学热力学是研究冶金过程的主要理论基础。为了预测冶金过程结果,研究冶金反应在给定条件下能否自发向预期的方向进行,并找到较优的工艺条件,使生成产物的反应趋向很大,而使产出杂质的副反应不能进行或进行趋势很小;此外,还得考虑该反应的理论转化率能达到多少,即希望在恰当条件下反应达到平衡时使主反应的平衡常数最大,从而提高反应物的转化率和产品的产率。

浸出过程就是用化学试剂将矿石中的有价元素转化为可溶性化合物进入水溶液,而杂质组分或脉石组分进入浸出渣的过程,实现两者选择性的分离和提取浸出工序的技术指标很大程度上决定了整个金属冶炼的效益,因此研究浸出过程的理论和工艺对改善提取冶金过程具有重大意义。运用已有的数据计算出各个浸出反应的标准吉布斯自由能 $\Delta G^{\ominus}$、给定条件下该反应的吉布斯自由能变化 ΔG 以及反应的平衡常数 K,同时运用热力学原理和已有的热力学数据绘制出相应体系的 $\varphi\text{-pH}$ 图。

本章主要对锌、铁在硫酸浸出体系中反应的可能性、参数的变化对硫酸浸锌的影响规律以及后续浸出液的净化所需要的反应条件等进行了系统的研究。

9.1 硫酸浸锌热力学可行性分析

通过对浸出过程进行热力学分析,判断浸出反应发生的可能性及方向性。表9-1为标准状态下硫酸浸锌体系热力学数据,书中所涉及的计算均来源于此表。

表 9-1 硫酸浸锌体系热力学数据

物 质	状 态	$\Delta G^{\ominus}/\text{kJ} \cdot \text{mol}^{-1}$
Zn	s	0
Zn^{2+}	aq	-147.05
ZnO	s	-317.89
ZnO_2^{2-}	aq	-389.11
H^+	aq	0
H_2O	L	-237.18
Fe	s	0
Fe^{2+}	aq	-78.87

物 质	状 态	$\Delta G^{\ominus}/kJ \cdot mol^{-1}$
Fe^{3+}	aq	-4.60
$Fe(OH)_2$	s	-486.60
$Fe(OH)_3$	s	-696.64
Fe_2O_3	s	-742.24
Fe_3O_4	s	-1015.46
$FeOH^{2+}$	aq	-241.73
$Fe(OH)_2^+$	aq	-451.76
$HFeO_2^-$	aq	-398.58
FeO_4^{2-}	aq	491.20
ZnS	s	-198.32
HSO_4^-	aq	-754.59
SO_4^{2-}	aq	-743.65
$ZnFe_2O_4$	s	-38519

湿法冶金、废水处理以及金属防腐过程中经常涉及金属及其化合物与水溶液离子的平衡,这些平衡与各种参数的关系可用相应的热力学平衡图进行表征和分析。影响这些平衡的参数较多,如温度、pH 值、浓度、氧化还原电势等。其中最主要的因素为氧化还原电势和溶液的 pH 值以及离子浓度,通常用电势和 pH 值为参数绘制系统的平衡图即 φ-pH 图和以离子浓度和 pH 值为参数绘制的 $\lg[Me]$-pH 图(或 $\lg c$-pH 图),用来研究系统的平衡条件及相应的冶金过程。

9.1.1 反应级数及模型方程的确立

含锌冶金尘泥中所有可能发生的化学反应所涉及的热力学计算数据见表 9-2。

表 9-2 标准热力学数据

化学式	$\Delta H(焓)/kJ \cdot mol^{-1}$	$\Delta S(熵)/J \cdot (mol \cdot K)^{-1}$
$H_2O(l)$	-285.83	69.91
$H^+(aq)$	0	0
$Zn^{2+}(aq)$	-153.89	-112.13
$ZnO(s)$	-348.28	43.64
$Ca^{2+}(aq)$	-542.83	-53.14
$CaCO_3(s)$	-1206.92	92.88
$CaO(s)$	-635.09	39.75
$Al_2O_3(s)$	-1675.69	50.92

化学式	ΔH(焓)/kJ·mol^{-1}	ΔS(熵)/J·(mol·K)$^{-1}$
Al^{3+}(aq)	−531	−321.7
Mg^{2+}(aq)	−466.85	−138.07
MgO(s)	−601.70	27.91
Fe^{2+}(aq)	−89.12	−137.65
Fe^{3+}(aq)	−48.53	−315.89
Fe$_2$O$_3$(s)	−824.25	87.40
Fe$_3$O$_4$(s)	−1118.38	146.44
ZnS(s)	−202.9	57.7
H$_2$S(g)	−20.63	205.69
Fe$_2$ZnO$_4$(s)（铁酸锌）	−38540	−70.4
CO$_2$(g)	−393.51	213.64

为了确定某个化学反应在恒温、恒压下的自发性和难易程度，需计算出该反应的自由焓。由于水溶液中自由焓 ΔG 的计算需要活度或者活度系数的数据，但这些数据又密切地与溶液组成、温度、浓度、压力等有关，不易查找到，所以 ΔG 的计算通常由反应的标准自由能变化 $\Delta G^{\ominus}$ 的计算代替。

对于任何化学反应，标准吉布斯自由能变可由式（9-1）计算得出。

$$\Delta_r G^{\ominus} = \Delta H - \Delta S T \tag{9-1}$$

式中　$\Delta_r G^{\ominus}$——标准吉布斯自由能，J/mol；

　　　　ΔH——生成物减去反应物的焓变；

　　　　ΔS——生成物减去反应物的熵变。

对于大部分反应来讲，反应温度直到 500~600K，这种近似计算都可得到满意的结果。

在温度和压力一定的条件下，根据 ΔG 的正负才可以判定化学反应的方向；对于大部分化学反应，若 $\Delta G^{\ominus}$ 的绝对值很大时，$\Delta G^{\ominus}$ 的正负就能决定 ΔG 的正负，通常以 40kJ/mol 为界限，当 $\Delta G^{\ominus}$ 的绝对值大于 40kJ/mol 时，$\Delta G^{\ominus}$ 的正负基本上决定了 ΔG 的符号，即可用来判断化学反应的方向。

浸出试验中涉及的反应方程式与吉布斯自由能见表9-3。

表9-3　反应方程式与吉布斯自由能

编号	反应方程式	吉布斯自由能/J·mol^{-1}
(1)	ZnO(s)+2H$^+$＝＝Zn^{2+}+H$_2$O(l)	$\Delta_r G^{\ominus} = -91440 + 85.83T$
(2)	CaO(s)+2H$^+$＝＝Ca^{2+}+H$_2$O(l)	$\Delta_r G^{\ominus} = -193570 + 22.98T$

续表 9-3

编号	反应方程式	吉布斯自由能/J·mol^{-1}
(3)	$Al_2O_3(s)+6H^+ \rule[0.5ex]{1.5em}{0.4pt} 2Al^{3+}+3H_2O(l)$	$\Delta_r G^\Theta = -243800+484.59T$
(4)	$MgO(s)+2H^+ \rule[0.5ex]{1.5em}{0.4pt} Mg^{2+}+H_2O(l)$	$\Delta_r G^\Theta = -150980+96.07T$
(5)	$CaCO_3(s)+2H^+ \rule[0.5ex]{1.5em}{0.4pt} Ca^{2+}+H_2O(l)+CO_2(g)$	$\Delta_r G^\Theta = -15250-137.53T$
(6)	$Fe_2O_3(s)+6H^+ \rule[0.5ex]{1.5em}{0.4pt} 2Fe^{3+}+3H_2O(l)$	$\Delta_r G^\Theta = -130300+509.45T$
(7)	$Fe_3O_4(s)+8H^+ \rule[0.5ex]{1.5em}{0.4pt} 2Fe^{3+}+Fe^{2+}+4H_2O(l)$	$\Delta_r G^\Theta = -211120+636.23T$
(8)	$ZnFe_2O_4(s)+4H_2SO_4 \rule[0.5ex]{1.5em}{0.4pt} Zn^{2+}+4SO_4^{2-}+2Fe^{3+}+4H_2O(l)$	$\Delta_r G^\Theta = 37145730-393.87T$
(9)	$ZnFe_2O_4(s)+H_2SO_4 \rule[0.5ex]{1.5em}{0.4pt} Zn^{2+}+SO_4^{2-}+Fe_2O_3+H_2O(l)$	$\Delta_r G^\Theta = 37276030-115.58T$

根据反应存在形态的热力学数据，计算反应进行的吉布斯自由能 $\Delta_r G^\Theta$，然后以 T 为横坐标、$\Delta_r G^\Theta$ 为纵坐标，得到浸出体系的 $\Delta_r G^\Theta$-T 图。

由图 9-1 可知，在实验各浸出温度下，反应（1）～（5）的 $\Delta_r G_T^\Theta$ 均小于零，

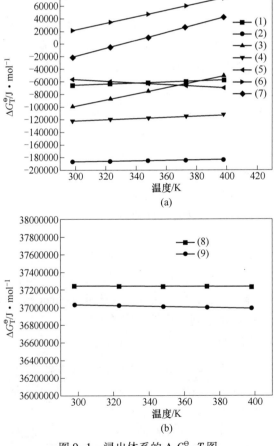

图 9-1　浸出体系的 $\Delta_r G_T^\Theta$-T 图

且反应（1）、（2）、（4）的 $\Delta_r G_T^{\ominus}$ 随温度升高无明显变化，反应（3）的 $\Delta_r G_T^{\ominus}$ 随温度升高而有所提高，反应（5）的 $\Delta_r G_T^{\ominus}$ 随温度升高有所下降，由计算结果可知，反应（1）~（5）所代表的反应物浸出反应进行顺序为 $CaO > MgO > ZnO > CaCO_3 > Al_2O_3$，同时由图 9-1 可知，反应（6）~（7）的 $\Delta_r G_T^{\ominus}$ 随温度升高而逐渐增加，且 $\Delta_r G_T^{\ominus}$ 均大于零，说明在常温下很难发生反应，不易被浸出，且由图 9-1（b）可知，反应（8）、（9）的 $\Delta_r G_T^{\ominus}$ 远远大于零，说明一般浸出条件下更难发生。故反应（6）~（9）所代表的反应物浸出顺序为 $Fe_2O_3 > Fe_3O_4 > ZnFe_2O_4$。进而可知对于该含锌冶金尘泥，在常温下进行锌的浸出反应是可行的，同时可以使得大部分锌被浸出，而铁则被留在浸出渣中。

9.1.2 Zn-H$_2$O 系离子分布图

锌在水溶液中可生成 Zn^{2+}、$Zn(OH)^+$、$Zn(OH)_2$（aq）、$HZnO_2^-$ 及 ZnO_2^{2-} 等离子（水合离子）。一般情况下，溶液中主要组分为 Zn^{2+}、$HZnO_2^-$ 及 ZnO_2^{2-}。各组分之间有如下平衡：

$$Zn^{2+} + 2H_2O \longrightarrow HZnO_2^- + 3H^+ \quad K_{HMO_2^-} = -\frac{[HMO_2^-][H^+]^3}{[M^{2+}]} \quad (9-2)$$

$$HZnO_2^- \longrightarrow ZnO_2^{2-} + H^+ \quad K_{ZnO_2^-} = \frac{[ZnO_2][H^+]}{[HZnO_2^-]} \quad (9-3)$$

由上述两式可得

$$c_{Zn} = [Zn^{2+}]\varphi_{Zn^{2+}} \quad (9-4)$$

$$\varphi_{Zn^{2+}} = 1 + 10^{3pH - pK_{ZnO_2^{2-}}} + 10^{4pH - pK_{ZnO_2^{2-}} - pK_{HZnO_2^-}} \quad (9-5)$$

由此可得各组分的分布系数：

$$\delta_{Zn^{2+}} = \frac{1}{\varphi_{Zn^{2+}}} \quad (9-6)$$

$$\delta_{HZnO_2^-} = \frac{10^{3pH - pK_{ZnO_2^{2-}}}}{\varphi_{Zn^{2+}}} \quad (9-7)$$

$$\delta_{ZnO_2^-} = \frac{10^{4pH - pK_{ZnO_2^{2-}} - pK_{HZnO_2^-}}}{\varphi_{Zn^{2+}}} \quad (9-8)$$

在 Zn-H$_2$O 体系中，$pK_{HZnO_2^-} = 27.60$、$pK_{ZnO_2^{2-}} = 13.10$ 代入式（9-8），得到如图 9-2 所示的 Zn-H$_2$O 体系离子分布系数 δ 与 pH 值的关系曲线图。

由图 9-2 可知，锌主要以 Zn^{2+}、$HZnO_2^-$、ZnO_2^{2-} 三种形式存在于水溶液中。当 pH 值小于 10 时，锌的存在形态为 Zn^{2+}，且较为稳定；当 pH 值大于 10 且小于 14 时，Zn^{2+} 逐渐形成水合离子，$HZnO_2^-$ 在水溶液中占据主要优势；当 pH 值大于 14 时，$HZnO_2^-$ 不能保持其稳定状态，进而水解形成 ZnO_2^{2-}。这也说明在硫酸浸锌体系

中锌主要以 Zn^{2+} 形式存在，进一步证明从热力学角度验证硫酸浸锌是可行的。

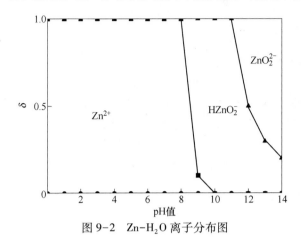

图 9-2　Zn-H$_2$O 离子分布图

9.1.3　不同金属离子在水溶液中的平衡浓度与 pH 值关系

加入沉淀剂离子使溶液中待沉淀的物质形成难溶化合物沉淀，在溶液中可能发生以下水解反应：

$$Me^{n+} + nOH^- \rightleftharpoons Me(OH)_n \downarrow \tag{9-9}$$

水解平衡时：

$$\lg a_{Me^{n+}} = \lg K_{ap} - n\lg K_W - npH \tag{9-10}$$

式中　K_{ap}——水溶液中 Me^{n+} 与 OH^- 的活度积，可近似用溶度积 K_{sp} 代替；

　　　K_W——水的离子积，常温下近似为 10^{-14}。

通过查阅相关溶度积表可知，$Zn(OH)_2$、$Fe(OH)_2$、$Fe(OH)_3$ 的 $\lg K_{ap}$ 分别为 15.68、15.10、37.40。代入式中作图可得到如图 9-3 所示关系。

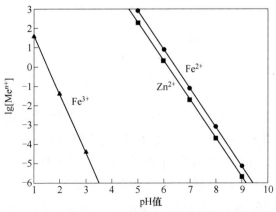

图 9-3　金属离子在水溶液中的平衡浓度与 pH 值的关系

由图 9-3 可知，在 pH 值不太大的范围内，同一变价金属的高价离子比低价离子容易水解，含锌的浸出液中存在 Fe^{3+}/Fe^{2+} 时，可以通过预先加入氧化剂使得 Fe^{2+} 氧化为 Fe^{3+}，如加入过氧化氢、二氧化锰或者高锰酸钾，将 Fe^{2+} 氧化为 Fe^{3+}，中和到 pH=5，则能使 Fe^{3+} 优先水解入沉淀，而 Zn^{2+} 保留在溶液中。

9.2 硫酸浸锌体系中的 φ-pH 图

φ-pH 图是基于一般的热力学原理，为了解决水溶液中的化学反应及平衡问题而提出的一种图解方法，它是研究湿法冶金过程中重要的热力学依据。该图反映了水溶液中各种反应的电位与 pH 值、离子浓度的函数关系，在指定的温度及压力下，表明了反应自动进行的条件及物质在体系中稳定存在的区域。φ-pH 图最早在 20 世纪 30 年代由比利时著名学者 M. Pourbaix 教授首先提出的并很快应用于湿法冶金、金属腐蚀和防护等多个学科。

所有湿法冶金在水溶液中的化学反应都可由下列通式表示：

$$aA + nH^+ + ze \Longrightarrow bB + cH_2O \tag{9-11}$$

式中　a，n，b，c——反应式中各组分的化学计量系数；

　　　　z——参加反应的电子数。

当温度、压力一定时，反应的吉布斯自由能变化为：

$$\Delta_r G_{(1-16)} = \Delta_r G_{(1-16)}^{\ominus} + RT\ln[\alpha_B^b/(\alpha_A^a \alpha_{H^+}^a)]$$
$$= \Delta_r G_{(1-16)}^{\ominus} + RT\ln(\alpha_B^b/\alpha_A^a) + 2.303nRT \cdot pH \tag{9-12}$$

反应具有如下三种类型：

（1）有 H^+ 参加，但无电子得失的酸碱中和反应：

$$Me(OH)_n + nH^+ \rightleftharpoons Me^{n+} + nH_2O \tag{9-13}$$

列等温方程式：

$$pH = -\frac{\Delta G_{298}^{\ominus}}{5.706n} - \frac{1}{n}\lg\frac{\alpha_B^b}{\alpha_A^a} \tag{9-14}$$

式中　$\Delta G_{298}^{\ominus}$——反应的吉布斯自由能；

　　　　n——H^+ 的化学计量系数；

　　　　R——单原子分子（每个分动量的）的理想气体摩尔热容；

　　　　T——反应温度；

　　　α_A，α_B——离子的浓度。

这类反应只与溶液的 pH 值有关而与电势无关，对于该类反应在 φ-pH 图上将对应得到一组垂直于横轴的直线。

（2）有电子得失，但无氢离子参加的简单氧化还原反应：

$$aA + ze \Longrightarrow bB + cH_2O$$

由能斯特公式：
$$\varphi = -\frac{\Delta G}{zF} = -\frac{\Delta G_{298}^{\ominus} + RT\ln Kc}{zF}$$

$$\varphi = -\frac{\Delta G_{298}^{\ominus}}{zF} + \frac{0.05916}{z}\lg\left(\frac{\alpha_A^a}{\alpha_B^b}\right) \tag{9-15}$$

式中　φ——标准电极电势；

　　　R——单原子分子（每个分动量的）理想气体摩尔热容；

　　　T——反应温度；

　　　z——转移电子数；

　　　F——法拉第常数。

这类反应的电极电势与 pH 值无关，当影响平衡的有关物质的活度改变时，反应的平衡电势发生变化，因此在 φ-pH 图上将对应得到一组平行于横轴的直线。

（3）有 H^+ 参加，也有电子得失的氧化还原反应：

$$a A + n H^+ + ze \Longleftrightarrow b B + h H_2O$$

根据能斯特方程：
$$\varphi = -\frac{\Delta G}{zF}$$

$$\varphi = -\frac{\Delta G_{298}^{\ominus}}{zF} - \frac{0.0591}{z}\lg\frac{\alpha_B^b}{\alpha_A^a} - 0.0591\frac{n}{z}\text{pH} \tag{9-16}$$

此类反应的电极电势与 pH 有关，在图上对应的是一条斜线。

下列计算过程中，假定所有气体均在标准大气压下，25℃。

9.2.1　Zn-H$_2$O 系 φ-pH 图

在硫酸浸锌体系中，所有可能存在的化学反应见表9-4。

表 9-4　Zn-H$_2$O 系 φ-pH 关系式

编号	反应方程式	φ-pH 平衡式
(1)	$ZnO + 2H^+ \Longequal Zn^{2+} + H_2O$	$\text{pH} = 5.8 - 0.5\lg a_{Zn^{2+}}$
(2)	$ZnO_2^{2-} + 2H^+ \Longequal ZnO + H_2O$	$\text{pH} = 14.55 + 0.5\lg a_{ZnO_2^{2-}}$
(3)	$Zn^{2+} + 2e \Longequal Zn$	$\varphi = -0.76 + 0.0295\lg a_{Zn^{2+}}$
(4)	$ZnO + 2H^+ + 2e \Longequal Zn + H_2O$	$\varphi = -0.42 - 0.0591\text{pH}$
(5)	$ZnO_2^{2-} + 4H^+ + 2e \Longequal Zn + 2H_2O$	$\varphi = 0.44 - 0.1182\text{pH}$
(6)	$2H^+ + 2e \Longequal H_2$	$\varphi = -0.0591\text{pH}$
(7)	$O_2 + 4H^+ + 4e \Longequal 2H_2O$	$\varphi = 1.2292 - 0.0591\text{pH}$

根据上述所列方程，可以绘制出标准状态下的不同锌离子浓度的硫酸浸锌的 φ-pH 图，如图 9-4 所示。

如图 9-4 所示，各条线各自代表各个平衡方程式，由各条线围成了各组分的稳定区，（6）线和（7）线之间为水的热力学稳定区，（6）线以下将会发生氢气的析出，（7）线以上将会发生氧气的析出。当电位落在（2）线以下，Zn 会发生氧化反应，即 Zn 变成 Zn^{2+}，只有当电位在（2）以上，pH 值小于（1）所表示的 pH 值时，Zn^{2+} 是稳定的，一旦超过范围，锌离子将会发生水解反应。且随着 Zn^{2+} 浓度的增加，溶解组分的聚集状态保持不变，形成 Zn^{2+} 的电势逐渐降低，对浸出反应是极为有利的。

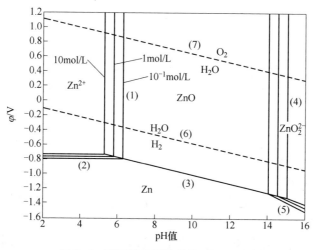

图 9-4　不同锌离子浓度锌-水 φ-pH 图

9.2.2　Fe-H₂O 系 φ-pH 图

在以 Fe-H₂O 系中存在的化学反应及其相应的 φ-pH 表达式见表 9-5。

表 9-5　Fe-H₂O 系 φ-pH 关系式

编号	反应方程式	φ-pH 平衡式
（1）	$Fe^{2+}+2e = Fe$	$\varphi=-0.440+0.02955lg a_{Fe^{2+}}$
（2）	$Fe^{3+}+e = Fe^{2+}$	$\varphi=0.771+0.0591lg a_{Fe^{3+}}-0.0591lg a_{Fe^{2+}}$
（3）	$Fe(OH)_2+2H^+ = Fe^{2+}+2H_2O$	$pH=6.7-0.5lg a_{Fe^{2+}}$
（4）	$Fe(OH)_3+3H^+ = Fe^{3+}+3H_2O$	$pH=1.6-0.333lg a_{Fe^{3+}}$
（5）	$Fe(OH)_3+3H^++e = Fe^{2+}+3H_2O$	$\varphi=1.057-0.177pH-0.0591lg a_{Fe^{2+}}$
（6）	$Fe(OH)_2+2H^++2e = Fe+2H_2O$	$\varphi=0.047-0.0591pH$
（7）	$Fe(OH)_3+H^++e = Fe(OH)_2+H_2O$	$\varphi=0.271-0.0591pH$
（8）	$2H^++2e = H_2$	$\varphi=-0.0591pH$
（9）	$O_2+4H^++4e = 2H_2O$	$\varphi=1.2292-0.0591pH$

根据所列平衡方程，可以绘制出标准状态下不同铁离子浓度的 $\varphi\text{-pH}$ 图，如图9-5所示。

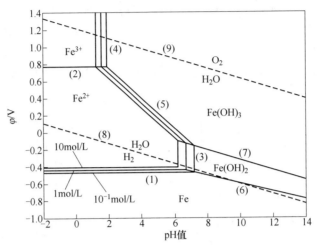

图9-5 不同铁离子浓度铁-水 $\varphi\text{-pH}$ 图

由图9-5看出，整个区 Fe-H_2O 系被 $\varphi\text{-pH}$ 线划分为 Fe、Fe^{2+}、Fe^{3+}、$Fe(OH)_2$、$Fe(OH)_3$ 区，这些区域就构成了浸出、浸出液净化和电积过程所要求的稳定区域，具体分析如下：

(1) 浸出过程。创建条件使有价金属进入 Me^{n+} 区。例如，浸铁矿，若欲获得 Fe^{2+}，则需使溶液的 $\varphi\text{-pH}$ 控制在 (1) - (3) - (6) - (2) 围成的范围内，若想铁以 $FeSO_4$ 的形式存在，就要使 pH<6，无氧化剂 (由 (6) 线可知，$\varphi=0$ 时，pH=5.96)。若欲获得 Fe^{3+}，则需使 φ>0.7706V、pH<1.617。

(2) 净化过程。调节溶液的 pH 值，使主体 (或目的) 金属离子呈 Me^{n+} 状态，而使杂质离子呈 $Me(OH)_n$ 状态沉淀而除去。如欲除去溶液中的 Fe^{3+}，则调 pH 值，使 pH>1.617，Fe^{3+} 越过 (4) 线，成为 $Fe(OH)_3$ 沉淀除去。若想除去溶液中 Fe^{2+}、Fe^{3+}，则调 pH 值，使 pH>6，使 Fe^{3+}、Fe^{2+} 越过 (4)、(6)、(3) 线，成为 $Fe(OH)_2$、$Fe(OH)_3$ 沉淀除去。

如在 Fe^{3+} 或 Fe^{2+} 的沉淀区内，目的或主体离子也发生沉淀，则需进行氧化还原，以合适的方式除去。

随着溶液中 Fe^{3+} 浓度的增加，通过对优势区域图比较发现，在高电位氧化环境，pH 值为 0~14 时存在的组分有 Fe^{3+}、FeO_4^{2-}。随着溶液中总铁浓度的增加，Fe^{3+}、FeO_4^{2-} 的优势区域位置和大小基本相同，说明高电位氧化环境和体系酸碱度是各组分稳定存在的主要条件，而总铁浓度对这些组分的影响不大；在低电位还原环境中，整个酸碱度范围内存在的组分有 Fe^{2+}、$Fe(OH)_2$、$HFeO_2^-$，其优势区域随体系总铁浓度的变化发生较明显的改变。说明在低电位还原环境里，酸碱度和总铁浓度是影响各组分稳定存在的主要因素。

9.2.3　Zn-Fe-H₂O 系 φ-pH 图

在 Zn-Fe-H₂O 体系中，存在化合物 $ZnFe_2O_4$，当温度为 25℃ 时，在此类体系内存在表 9-6 所示的平衡。

表 9-6　Zn-Fe-H₂O 系 φ-pH 关系式

编号	反应方程式	φ-pH 平衡式
(1)	$Fe^{3+}+e = Fe^{2+}$	$\varphi = 0.7710 + 0.0591\lg a_{Fe^{3+}} - 0.0591\lg a_{Fe^{2+}}$
(2)	$Fe_2O_3+6H^+ = 2Fe^{3+}+3H_2O$	$pH = -0.2407 - 0.3333\lg a_{Fe^{3+}}$
(3)	$Fe_2O_3+6H^++2e = 2Fe^{2+}+3H_2O$	$\varphi = 0.7279 - 0.1773pH - 0.0591\lg a_{Fe^{2+}}$
(4)	$ZnO \cdot Fe_2O_3+2H^+ = Zn^{2+}+H_2O+Fe_2O_3$	$pH = 3.3754 - 0.5000\lg a_{Zn^{2+}}$
(5)	$ZnO \cdot Fe_2O_3+8H^++2e = Zn^{2+}+4H_2O+2Fe^{2+}$	$\varphi = 0.9275 - 0.2364pH - 0.0295\lg a_{Zn^{2+}} - 0.0591\lg a_{Fe^{2+}}$
(6)	$Fe^{2+}+2e = Fe$	$\varphi = -0.441 + 0.0295\lg a_{Fe^{2+}}$
(7)	$ZnO \cdot Fe_2O_3+6H^++6e = ZnO+3H_2O+2Fe$	$\varphi = -0.0986 - 0.0591pH$
(8)	$2H^++2e = H_2$	$\varphi = -0.0591pH$
(9)	$O_2+4H^++4e = 2H_2O$	$\varphi = 1.2292 - 0.0591pH$

根据上述水溶液中可能存在的所有平衡反应，绘制标准状态下不同锌、铁离子浓度下 Zn-Fe-H₂O 系的 φ-pH 图，见图 9-6。

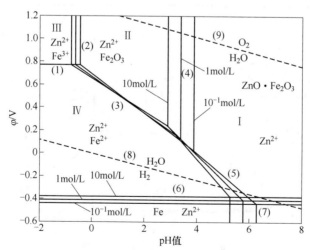

图 9-6　不同锌、铁离子浓度下 Zn-Fe-H₂O 系的 φ-pH 图

由图 9-6 可知，随着溶液中锌、铁离子浓度的增加，各组分在溶液中的状态

不变, 优势区域大小开始随溶液的 pH 值改变而改变, 形成目的组分的电极电势也越来越低, 更有利于浸出的进行。常温下, 当控制电势大于 0.77V、pH 值小于 -0.24 时, 锌、铁将分别以 Zn^{2+}、Fe^{3+} 形态进入溶液, 直至 Zn^{2+}、Fe^{3+} 活度达到 1 为止, 当电位、pH 值控制在 II 内, 则锌将选择性地进入溶液, 而铁以 Fe_2O_3 的形态留在渣中, 在浸出的同时实现了两者的分离。当电势、pH 值控制在 IV 区域内, 在有适当还原剂存在和适宜 pH 值下使 Zn^{2+} 和 Fe^{2+} 形态进入溶液。

9.2.4 Zn-S-H$_2$O 系 φ-pH 图

在 Zn-S-H$_2$O 体系中, 存在化合物 ZnS, 当温度为 25℃时, 在此类体系内存在表 9-7 所示的平衡反应。根据反应所得的 Zn-S-H$_2$O 体系 φ-pH 图如图 9-7 所示。

表 9-7 Zn-S-H$_2$O 系 φ-pH 关系式

编号	反应方程式	φ-pH 平衡式
(1)	$Zn^{2+}+S+2e = ZnS$	$\varphi = 0.265 + 0.0295 \lg a_{Zn^{2+}}$
(2)	$ZnS+2H^+ = Zn^{2+}+H_2S$	$pH = -2.08 - 0.5\lg H_2S - 0.5\lg a_{Zn^{2+}}$
(3)	$Zn^{2+}+HSO_4^-+7H^++8e = ZnS+4H_2O$	$\varphi = 0.320 - 0.0517pH +$ $0.0074\lg a_{Zn^{2+}} + 0.0074\lg a_{HSO_4^-}$
(4)	$Zn^{2+}+SO_4^{2-}+8H^++8e = ZnS+4H_2O$	$\varphi = 0.334 - 0.0591pH +$ $0.0074\lg a_{Zn^{2+}} + 0.0074\lg a_{SO_4^{2-}}$
(5)	$Zn(OH)_2+SO_4^{2-}+10H^++8e = ZnS+6H_2O$	$\varphi = 0.42 - 0.074pH + 0.0074\lg a_{SO_4^{2-}}$

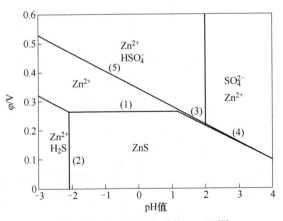

图 9-7 Zn-S-H$_2$O 系的 φ-pH 图

由图 9-7 可知, 对 ZnS 而言, 进行简单酸浸所需的 pH 值很低, 为 -1.585, 实际上是不可能的。对于闪锌矿, 一般进行常压富氧浸出或者加压酸浸。因此采用硫酸作为浸出剂浸出冶金尘泥中锌时，硫化锌很难被浸出，这也与前面所述试验结果及原料与浸出渣基础特性分析相一致。

9.3 硫酸浸锌体系中的 lg$c$-pH 图

lg$c$-pH 图的原理及其绘制方法与 φ-pH 图大同小异，以溶液中金属离子浓度的对数和 pH 值为坐标的平衡图，表明水溶液系统中平衡状态与 pH 值及离子浓度的关系，主要作为一种分离提纯方法而被广泛应用，包括从溶液中除去有害杂质，即加入化学药剂并控制适当的物理化学条件，选择性地使形成难溶化合物从溶液中沉淀析出而与主要金属分离。

9.3.1 ZnO 的 lg$c$-pH 图

由于 ZnO 在水溶液中易形成羟基络离子，因此 ZnO 的 lg$c$-pH 图在较大程度上受到羟基络合物形成反应物的影响，存在表 9-8 所示的平衡。

表 9-8 ZnO 溶解度关系式

反应方程式	平衡方程式	平衡常数
$ZnO + 2H^+ \Longrightarrow Zn^{2+} + H_2O$	$\lg[Zn^{2+}] = 11.2 - 2pH$	$\lg K_{S0} = 11.2$
$ZnO + H^+ \Longrightarrow ZnOH^+$	$\lg[ZnOH^+] = 2.2 - pH$	$\lg K_{S1} = 2.2$
$ZnO + 2H_2O \Longrightarrow Zn(OH)_3^- + H^+$	$\lg[Zn(OH)_3^-] = -16.9 + pH$	$\lg K_{S2} = -16.9$
$ZnO + 3H_2O \Longrightarrow Zn(OH)_4^{2-} + 2H^+$	$\lg[Zn(OH)_4^{2-}] = -29.7 + 2pH$	$\lg K_{S3} = -29.7$

由表 9-8 所列的平衡方程式，可得 ZnO 的溶解度图（lg$c$-pH 图），如图 9-8 所示。图 9-8 中 c 代表了不同 pH 值条件下锌离子的总浓度。

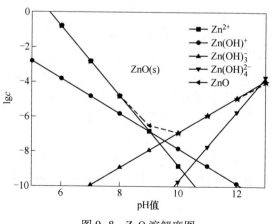

图 9-8 ZnO 溶解度图

图 9-8 中虚线部分围绕的区域构成了 ZnO 固相的稳定区，组成此稳定区的

边界线表示了该体系下不同 pH 值下 Zn^{2+} 的总浓度的关系。由氧化锌的溶解度曲线可知，溶液中金属离子 Zn^{2+} 的平衡浓度随 pH 值的升高呈现先降低后增加的趋势，分析原因主要是由于 ZnO 为两性氧化物，在水溶液中易形成羟基络离子（$Zn(OH)^{+}$、$Zn(OH)_3^{-}$、$Zn(OH)_4^{2-}$），在中性或弱碱性条件下，溶液中金属主要以 Zn^{2+} 存在，随着 pH 值的继续增大，与 OH^{-} 形成的各种络合离子浓度也随之增加，所以当 pH 值较高时，溶液中金属离子的总浓度会出现增加的趋势。故在利用硫酸作为浸出剂时，应控制 pH 值在一定范围内，有利于氧化锌的溶解，以免生成络合离子，影响最终的浸出率。

9.3.2 Fe_2O_3 的 lg$c$-pH 图

Fe_2O_3 在水溶液中存在下列反应，由下列平衡两边取对数，得到各组分浓度与 pH 值的关系，见表 9-9。

表 9-9 Fe_2O_3 溶解度关系式

反应方程式	平衡方程式	平衡常数
$\frac{1}{2}Fe_2O_3(s) + \frac{3}{2}H_2O \Longrightarrow Fe^{3+} + 3OH^{-}$	$lg[Fe^{3+}] = -0.7 - 3pH$	$lgK_{sp} = -42.7$
$Fe^{3+} + OH^{-} \Longrightarrow FeOH^{2+}$	$lg[FeOH^{2+}] = -2.89 - 2pH$	$lgK_1 = 11.81$
$Fe^{3+} + 2OH^{-} \Longrightarrow Fe(OH)_2^{+}$	$lg[Fe(OH)_2^{+}] = -6.4 - pH$	$lgK_2 = 22.3$
$Fe^{3+} + 3OH^{-} \Longrightarrow Fe(OH)_3$	$lg[Fe(OH)_3] = -10.65$	$lgK_3 = 32.05$
$Fe^{3+} + 4OH^{-} \Longrightarrow Fe(OH)_4^{-}$	$lg[Fe(OH)_4^{-}] = -22.4 + pH$	$lgK_4 = 34.3$
$2Fe^{3+} + 2OH^{-} \Longrightarrow Fe_2(OH)_2^{4+}$	$lg[Fe_2(OH)_2^{4+}] = -4.30 - 4pH$	$lgK_5 = 25.15$
$3Fe^{3+} + 4OH^{-} \Longrightarrow Fe_3(OH)_4^{5+}$	$lg[Fe_3(OH)_4^{5+}] = -8.40 - 5pH$	$lgK_6 = 49.7$

由表 9-9 所示方程，可绘制出 Fe_2O_3 的 lg$c$-pH 图如图 9-9 所示。图 9-9 中虚线部分围绕的区域构成了 Fe_2O_3 固相的稳定区，组成此稳定区的边界线表示了该体系下不同 pH 值下铁离子总浓度的关系。由 Fe_2O_3 的溶解度曲线可知，溶液中铁离子的平衡浓度随 pH 值的升高呈现先降低后增加的趋势，分析原因主要是由于 Fe_2O_3 在水溶液中易形成羟基络离子（$FeOH^{2+}$、$Fe(OH)_2^{+}$、$Fe(OH)_4^{-}$ 等），即使在强酸环境下，Fe_2O_3 溶解所需要的 pH 值也很低，故可知在利用硫酸作为浸出剂时，Fe_2O_3 较难被浸出，这也与前述单条件试验以及浸出渣分析检测结果相对应，因此可以通过控制 pH 值在一定范围内，实现锌的浸出，同时抑制铁的浸出。

9.3.3 $Fe(OH)_2$、$Fe(OH)_3$ 的 lg$c$-pH 图

当溶液中存在 $Fe(OH)_2$、Fe_2O_3、$Fe(OH)_3$ 时，结合溶液中各物质标准状态

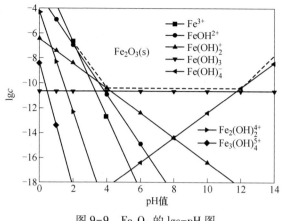

图 9-9　Fe_2O_3 的 lgc-pH 图

下吉布斯自由能以及反应方程式，得到不同物质之间的平衡表达式，见表 9-10。

表 9-10　$Fe(OH)_2$、$Fe(OH)_3$ 溶解度关系式

编号	反应方程式	平衡表达式
(1)	$Fe^{2+}+H_2O \rightleftharpoons FeO+2H^+$	$\lg[Fe^{2+}] = 13.29-2pH$
(2)	$FeO+H_2O \rightleftharpoons HFeO_2^-+H^+$	$\lg[HFeO_2^-] = -18.30+pH$
(3)	$Fe^{2+}+2H_2O \rightleftharpoons HFeO_2^-+3H^+$	$pH = 10.53$
(4)	$2Fe^{3+}+3H_2O \rightleftharpoons Fe_2O_3+6H^+$	$\lg[Fe^{3+}] = -0.72-3pH$
(5)	$Fe^{3+}+3H_2O \rightleftharpoons Fe(OH)_3+3H^+$	$\lg[Fe^{3+}] = 4.84-3pH$
(6)	$2FeOH^{2+}+H_2O \rightleftharpoons Fe_2O_3+4H^+$	$\lg[FeOH^{2+}] = -3.45-2pH$
(7)	$FeOH^{2+}+2H_2O \rightleftharpoons Fe(OH)_3+2H^+$	$\lg[FeOH^{2+}] = 2.41-2pH$
(8)	$Fe^{3+}+H_2O \rightleftharpoons FeOH^{2+}+H^+$	$pH = 2.43$
(9)	$FeOH^{2+}+H_2O \rightleftharpoons Fe(OH)_2^++H^+$	$pH = 4.69$

图 9-10 为 $Fe(OH)_2$ 的 lgc-pH 图。在 pH<10 时，溶液中主要以 Fe^{2+} 稳定存在，随着 pH 值的增加，溶液中逐渐形成 $Fe(OH)_2$ 沉淀，继续增大 pH 值，形成的 $Fe(OH)_2$ 沉淀逐渐溶解，形成络合离子 $HFeO_2^-$。

　　根据以上平衡反应得到 Fe_2O_3 与 $Fe(OH)_3$ 的 lgc-pH 图，如图 9-11 所示。由图 9-11 可以看出，当 pH 值较低时，溶液中可能存在 Fe^{2+}、Fe_2O_3 以及络合离子 $FeOH^{2+}$、$Fe(OH)_2^+$。pH>8 时，溶液中能形成较为稳定的 $Fe(OH)_3$ 沉淀。在后续浸出液处理中，可以通过先向溶液中加入适当的氧化剂，如高锰酸钾、二氧化锰、过氧化氢等使 Fe^{2+} 氧化为 Fe^{3+}，再向溶液中加入 NaOH，使得 Fe^{3+} 形成 $Fe(OH)_3$ 沉淀，从而达到除铁的目的，这样既使得浸出液得到了净化，也更有利于后续浸出液的处理。

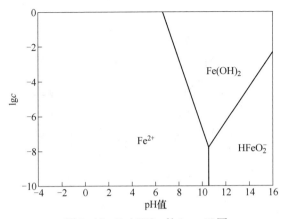

图 9-10 $Fe(OH)_2$ 的 $\lg c$-pH 图

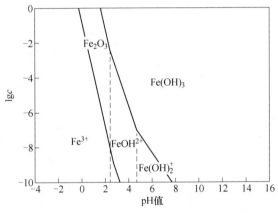

图 9-11 Fe_2O_3 与 $Fe(OH)_3$ 的 $\lg c$-pH 图

9.3.4 ZnS、FeS 的 lg$c$-pH 图

ZnS 饱和溶液中存在如下平衡：

$$ZnS \Longrightarrow Zn^{2+} + S^{2-} \tag{9-17}$$

$$K_{ZnS} = [M^{2+}][S^{2-}] \tag{9-18}$$

而 $[S^{2-}]$ 又与下列两个平衡反应有关：

$$H_2S(aq) \Longrightarrow HS^- + H^+ \tag{9-19}$$

$$K_1 = 1.32 \times 10^{-7.02} \tag{9-20}$$

$$HS^- \Longrightarrow H^+ + S^{2-} \tag{9-21}$$

$$K_2 = 7.08 \times 10^{-15} \tag{9-22}$$

且 $$c_S = [H_2S] + [HS^-] + [S^{2-}] \tag{9-23}$$

由上述式子得

$$c_S = [S^{2-}] (10^{-2pH+pK_{H_2S}+pK_{HS^-}}+10^{-pH+pK_{HS^-}}+1) \tag{9-24}$$

令 $\varphi_S = 10^{-2pH+pK_{H_2S}+pK_{HS^-}} + 10^{-pH+pK_{HS^-}} + 1$，则 $[S^{2-}] = c_S/\varphi_S$，故 $K_{ZnS} = [Zn^{2+}] \varphi_S/c_S$，若用二价金属离子总浓度表示，则 $c_{Zn}(\prod) = K_{ZnS}\varphi_S\varphi_{ZnS}/c_S$，利用该式可以作出 ZnS 的 lg$c$–pH 图。

对于 MeS 型硫化物：

$$[Me^{2+}] = K_{sp(MeS)}/ (K_{H_2S} [H_2S_{(aq)}] [H^+]^{-2}) \tag{9-25}$$

两边同时取对数，得到：

$$\lg[Me^{2+}] = \lg K_{sp(MeS)} - \lg K_{H_2S} - \lg[H_2S_{(aq)}] - 2pH \tag{9-26}$$

常温下，当 pH<6 时，$[HS^-]$、$[S^{2-}]$ 已很小，故可近似认为：

$$[S]_T \approx [H_2S_{(aq)}]$$

即

$$\lg[Me^{2+}] = \lg K_{sp(MeS)} - \lg K_{H_2S} - \lg[S]_T - 2pH \tag{9-27}$$

25℃时，对于 MeS 型硫化物，$\lg[Me^{2+}] = \lg K_{sp(MeS)} + 21.03 - \lg[S]_T - 2pH$，已知 $K_{sp(ZnS)} = 8.9 \times 10^{-25}$、$K_{sp(FeS)} = 4.9 \times 10^{-18}$，代入式中可以得到图 9-12 与图 9-13。

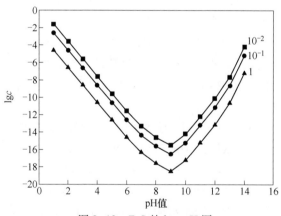

图 9-12　ZnS 的 lg$c$–pH 图

在后续浸出液处理中，向浸出液中加入一定量的 Na_2S 时，对形成 ZnS 沉淀而言，如图 9-12 所示，溶液中金属离子 Zn^{2+} 的平衡浓度随 pH 值的升高呈现先降低、后增加的趋势，并且随着溶液中硫离子总浓度的增加逐渐降低，pH 降低不利于沉淀过程，因此在后续浸出液的处理中，可以适当控制浸出液 pH 值，使得反应朝着更有利于形成 ZnS 的方向进行。

由图 9-13 可知，ZnS 相比 FeS，即使在较小的 pH 值下也更易形成沉淀，可以通过控制适当的 pH 值（如 pH 值为 4 左右），则可以使得浸出液中的 Zn^{2+} 形成 ZnS 沉淀，而 Fe^{2+} 则保留在溶液中，这样不仅可以达到浸出液除杂的目的，也能同时回收提取浸出液中的有价元素锌。

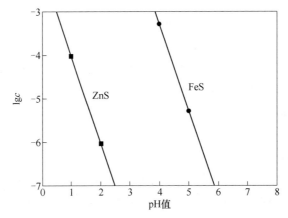

图 9-13 ZnS 与 FeS 的 lg$c$-pH 图

9.4 本章小结

根据热力学基本原理，通过绘制 φ-pH 图及 lg$c$-pH 图两种方法来深入研究浸出过程中 Zn、Fe 的浸出行为，主要得到以下结论：

（1）在 Zn-H_2O 体系中，随着 Zn^{2+} 浓度的增加，溶解组分的聚集状态保持不变，形成 Zn^{2+} 的电势逐渐降低，对浸出反应是极为有利的。在 Fe-H_2O 体系 φ-pH 图中，控制一定的电势及 pH 值条件，就构成了浸出、浸出液净化所要求的稳定区域。

（2）在 Zn-Fe-H_2O 体系中，随着溶液中锌、铁离子浓度的增加，各组分在溶液中的状态不变，优势区域大小随溶液的 pH 值改变而变化。当电势、pH 值控制在不同的范围时，可以实现不同程度的 Zn、Fe 的分离。

（3）由 ZnO、Fe_2O_3 的 lg$c$-pH 图可知，在利用硫酸作为浸出剂时，Fe_2O_3 较难被浸出，这也与前述试验结果相对应，因此控制 pH 值在一定范围内，有利于氧化锌的溶解，同时抑制铁的浸出。

（4）对比 Fe_2O_3 与 $Fe(OH)_2$、$Fe(OH)_3$ 的 lg$c$-pH 图，发现在后续浸出液处理中，可以通过先向溶液中加入适当的氧化剂，使 Fe^{2+} 氧化为 Fe^{3+}，再向溶液中加入 NaOH，使得 Fe^{3+} 形成 $Fe(OH)_3$ 沉淀，从而达到除铁的目的。

（5）对比 ZnS 与 FeS 的 lg$c$-pH 图，在后续浸出液处理中，向浸出液中加入一定量的 Na_2S 时，控制适当的 pH 值，则可以使浸出液中的 Zn^{2+} 形成 ZnS 沉淀，而 Fe^{2+} 则保留在溶液中。

10 含锌冶金尘泥铁、碳分选工业应用

10.1 原料性质分析

10.1.1 化学多元素分析

本次试验矿样主要包括两部分：一部分为高炉瓦斯泥，一部分为布袋除尘灰。

瓦斯泥是高炉生产中排出的高炉煤气，经水净化后的烟尘，高炉瓦斯泥脱水后含水率约为34.60%，粒度很细、表面粗糙、有孔隙，比磁化系数为 $1162.5 \times 10^6 \, cm^3/g$，属中等磁性矿物。

除尘灰是从高炉冶炼过程中产生，经除尘器收集的粉尘，除尘灰经脱水后含水率约为12.3%，粒度很细。

取代表性瓦斯泥与除尘灰试样分别进行多元素分析，分析结果见表 10-1 和表 10-2。

表 10-1　瓦斯泥多元素分析结果　　　　　　　　（%）

化学成分	TFe	SiO_2	ZnO	Cl	SO_3	CaO	K_2O
含量	21.60	14.21	5.69	0.95	7.08	6.84	4.63
化学成分	MgO	PbO	MnO	P_2O_5	TiO_2	Rb_2O	Cr_2O_3
含量	1.75	0.91	0.61	0.59	0.30	0.04	0.026

表 10-2　除尘灰多元素分析结果　　　　　　　　（%）

化学成分	TFe	SiO_2	ZnO	Cl	SO_3	CaO	K_2O
含量	19.24	9.40	2.81	0.90	7.41	4.69	16.39
化学成分	MgO	PbO	MnO	P_2O_5	TiO_2	Rb_2O	Br
含量	1.25	0.67	0.15	0.53	0.20	0.10	0.20

由原料化学多元素分析结果可知，铁为主要的有价矿物，选别时应分别对其进行回收，同时瓦斯泥中锌含量较高，因此在工艺流程中应考察锌的走向以降低其在精矿中的富集。

10.1.2 粒度分析

取代表性瓦斯泥与除尘灰试样用 LS 激光粒度分析仪分别进行激光粒度分析，见图 10-1 和图 10-2。

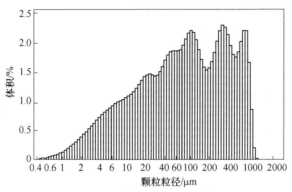

图 10-1 瓦斯泥激光粒度分析

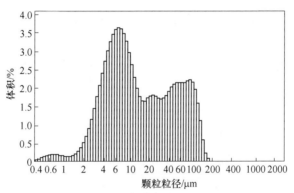

图 10-2 除尘灰激光粒度分析

瓦斯泥的平均粒度为 187.9μm，除尘灰的平均粒度为 28.89μm。

10.1.3 密度分析

使用 BT-1000 型粉体综合特性测试仪对瓦斯泥与除尘灰的自然堆密度和振实密度进行了测定，测定结果见表 10-3。从表 10-3 中可以看出，瓦斯泥与除尘灰的自然密度和振实密度都比较小。

表 10-3 密度测定结果 （g/cm³）

试 样	自然堆积密度	振实密度
瓦斯泥	0.87	1.55
除尘灰	1.21	1.89

对瓦斯泥及除尘灰性质的研究表明，冶金尘泥具有成分复杂、粒度微细、密度小、灰分高、矿物结构复杂、共生关系密切的特点。

10.1.4 原料特征

瓦斯泥主要矿物为赤铁矿和磁铁矿、焦炭，次要矿物为长石等硅酸盐矿物及少量石英。赤铁矿含量为45%～50%，最大粒径为0.07mm，以0.03～0.05mm居多，多赤铁矿单晶，另有少量赤铁矿分布在硅酸盐胶结相中，多数赤铁矿表面覆盖一薄层磁铁矿。锌主要以氧化锌的形式存在，基本上不含铁酸锌。脉石矿物主要为长石、石英、方解石等硅酸盐矿物。

高炉除尘灰主要由磁铁矿、赤铁矿、焦炭、铁酸钙及其他矿物组成，铁矿物以Fe_3O_4和Fe_2O_3为主，其他金属矿物以氧化物形式存在。金属铁含量极少；磁铁矿部分为立相的颗粒状，大部分为烧结矿中玻璃质胶结的自然晶状磁铁矿；赤铁矿多为细小颗粒，粒径大小不等；焦炭以形状各异的颗粒存在，有粗颗粒镶嵌、细粒镶嵌、丝状等，向同性较少见。

矿样（由两部分样混合而成）物化性质及工艺矿物学研究表明，矿石中全铁含量为20.08%，主要铁矿物为磁铁矿与赤铁矿及部分单质铁，冶金尘泥中锌含量为4.52%，需进行脱锌处理后再返回钢铁工艺；碳含量为21.10%，需用浮选法提高品位。

10.2 分选工艺及设备

10.2.1 工艺流程及配置

本次工业应用试验矿样主要来自于含锌固体废弃物，瓦斯泥与除尘灰总计14.06万吨。

产品要求：

（1）铁精矿产品的品位（铁含量）52%以上；

（2）碳精矿产品的固定碳含量65%～70%；

（3）铁精矿回收率60%以上；

（4）碳精矿回收率40%～50%；

（5）原料矿中锌的含量4.52%，铁精矿中锌的含量小于1.0%。

根据其原料性质，采用水力旋流器对原料进行锌富集，采用浮选—磁选—重选联合工艺回收冶金尘泥中碳、铁的选矿方案。

试验确定的选矿工艺路线为：一次粗选、三次精选的浮选闭路工艺流程浮选碳；二次磁选分选磁铁矿；螺旋溜槽一粗一精分选赤铁矿。

冶金尘泥的分选工艺流程见图10-3。

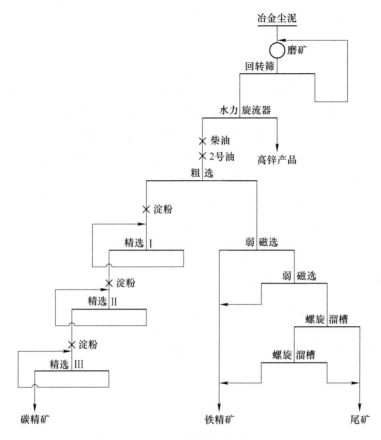

图 10-3 冶金尘泥分选工艺流程

10.2.2 冶金尘泥分选各系统简述

冶金尘泥分选项目各系统详细介绍如下。

10.2.2.1 原料堆存系统

原料堆场贮存能力可满足堆放两种原料（除尘灰和瓦斯泥），原料堆贮场还设有推土机和装载机辅助作业机械机库和修理厂，可实现堆取料的辅助作业和汽车直接来装卸作业（推土机和装载机业主自备）。

10.2.2.2 原料准备（车间）系统

除尘灰和瓦斯泥由皮带送至三轴黏性料浆搅拌槽中，根据原料中颗粒组成选择筛分后料浆的去向。当料浆中粗颗粒（1~3mm）或泥团较多时，可选择进入预留棒磨机中进行磨细处理，当料浆中大颗粒相对较少时，根据原料中含水情况加水调整合适浓度，搅拌好的矿浆泵送或自流至筒形回转筛中，筛下料浆可直接进入下道选别工序，筛上颗粒由小车送至其他地方另行处理。

10.2.2.3 分选系统（主厂房）

经过筒形筛分或棒磨处理后的料浆，采用浮选工艺回收碳，浮选后的尾矿采用二段磁选回收料浆中磁性较强的磁铁矿物、单质铁，最后采用重选工艺回收磁性较弱铁矿物，尾矿浓缩压滤，全厂水实现闭路循环。工艺内容如下：

入选料经皮带运输至三轴黏性料浆搅拌槽，充分搅拌后的料浆泵送或自流进入筒形回转筛，筛下物料可自流进入棒磨机进行二次造浆或直接进入水力旋流器，经分级后的溢流产品作为富锌产品，旋流器的底流给入浮选工序中。浮选采用一粗三精的浮选工艺，矿浆经过粗选后，浮选精矿进行再选，再选后的精矿作为产品输送到精矿车间；浮选尾矿经过二段磁选，一段磁场强度约为1800Oe，二段磁场强度约为1300Oe，弱磁分选采用双筒连续分选，磁选精矿直接作为产品由皮带送至精矿浓缩过滤车间。尾矿经浓缩处理至浓度30%左右，泵送入搅拌槽中均匀搅拌后进入螺旋溜槽进行一粗一精选别，精选后的尾矿与粗选尾矿合并后由管道泵送至浓缩池，浓缩机的底流经泵打入带式压滤机入料缓冲桶，通过压滤后，滤饼送入指定车间进行过滤，滤液返回浓缩机进行浓缩，浓缩机溢流作为循环水使用。保证整个系统的洗水闭路循环，满足环保要求。

10.2.3 设备选型

原料年处理15万吨（按干矿量计），按年运行330天，则每天处理量为455t，小时处理量为19t。该选矿厂主要包括：

（1）上料系统：受料斗、电动给料机、皮带机、回转筛、预留棒磨机。

（2）分级系统：三轴黏性料浆搅拌槽、水力旋流器。

（3）磁选系统：二级磁选机。

（4）浮选系统：强制搅拌槽、药剂配加桶、自吸式机械搅拌浮选机、收集料槽。

（5）重选系统：螺旋溜槽、收集料槽。

（6）脱水系统：砂浆泵、ϕ9.0m浓密机、卧式砂浆泵、带式过滤机及附属加药系统。

（7）供水系统：清水泵、高压水泵。

（8）ϕ9.0m钢构浓密池。

该选厂的设备选型见表10-4，工业应用现场图片如图10-4所示。

图 10-4 冶金尘泥分选工业应用现场图片

表 10-4 设备选型表

设备名称	型号	设备参数	数量/台	单价/万元	合计/万元
给料仓		直径 3m,高度 3.6m	2	3.8	7.6
二级磁选机	CTB-690	第一级磁力强度 1800GS,二级 1300GS	4	22.0	44
电振给料机	DZG3080	给料能力 10t/h,振次 960r/min,功率 0.25kW	4	1.5	6
皮带输送机	650mm	长度暂定 36m、电动滚筒传动	1	4	4

设备名称	型号	设备参数	数量/台	单价/万元	合计/万元
棒磨机		$\phi900\times1800$	1	7	7
回转筛		孔径小于 5mm 和 2mm	2	2	4
三轴黏性料浆搅拌槽	BJ-3000×3000	有效容积：19.1m³，叶轮直径 700mm，叶轮转速 210r/min	5	1.6	8
搅拌器					
配套电机	Y225S-8	$N=18.5kW$			
浮选机	XJ-6	有效容积 0.7m³，处理能力 0.3~1.0m³/min，叶轮直径 350mm，叶轮转速 400r/min	24	1.3	31.2
配套搅拌电机		$N=3kW$			
配套刮板电机		$N=1.1kW$			
螺旋溜槽	5LL-1500	外径 1500mm，螺距 540.72mm，产能 8~6t/h，给矿浓度 25%~55%，给矿粒度 0.3~0.02mm，螺旋头数 4 个/台，横向倾角 9°	32	2	64
$\phi9.0m$ 浓缩机		中心传动，自动提耙	3	31	93
带式过滤机	PFM-1500	带宽 1500mm、功率 2.2kW	6	19	114
水力旋流器	$\phi300$		3	3	9
加药装置	MY1.2-3-330×2	溶药箱 1.2m³，储药箱 3m³，加药泵 2 台，单台最大加药量 330L/h	3	5.3	15.9
卧式砂浆泵			8	1.4	11.2
立式砂浆泵		$Q=50m^3/h$；$P=2kg/cm^2$	12	2.4	28.8
清水泵		$Q=100m^3/h$；$P=5kg/cm^2$	4	0.7	2.8
回转筛		孔径小于 5mm 和 2mm	2	2	4

10.3 工业调试

10.3.1 开车前准备及清水试车

2012 年 10 月 20 日进行开车前的准备工作，对每台设备单机试运转，考察设备设施的联动运转，进行清水试车，提出修改意见，培训生产工人。

10 月 25 日完成清水试运行，打通了清水流程。

10.3.2 浮选药剂

根据前面选矿试验确定的选碳方案，该冶金尘泥选碳为常温正浮选，工艺流程和药剂制度较为简单。浮选中仅添加了铁矿物抑制剂和碳浮选的捕收剂及起泡剂。苛性淀粉是铁矿物的有效抑制剂,柴油作为选碳的捕收剂,2 号油作为起泡剂。

柴油为工业品,产地为当地。2 号油为工业品,产地为当地。苛性淀粉为工业品,使用浓度为 6%。

10.3.3 带料运转调试

11 月 15 日开始带矿试运行,主要考查磨矿机的处理能力、确定合理的钢球添加制度;磁选作业、重选作业、水力旋流器作业,尤其是浮选作业设备运转及流程畅通情况。

在试运转期间,对设备配置、连接及时进行了改造,并确定了合理的磨矿机加球制度和浮选药剂制度,取得了较好的试运转浮选效果。11 月 22 日开始稳运转生产调试流程考查。

10.3.4 设备及流程改造

根据试运转中发现的问题,对设备连接配置进行了合理的改造,更改了部分加药点。

考查时发现,输送精选精矿的管道坡度小、输送能力明显不够,经常积矿、堵塞,生产中不得不加大冲水量,造成矿浆量不稳定、精选效果不佳、精矿回收率低、工人劳动强度大。为了改善此环节,在现有的条件基础上,增加输送管路的坡度,将精选Ⅱ的吸浆管进口由中间室改至吸浆浮选槽,选别效果明显好转。

目前浮选机由于槽体的加深,往往会存在局部充气不均匀、矿物颗粒难以与气泡充分混合、矿浆的循环环路中存在着明显的死区问题,加大了浮选功率,降低了浮选效率,因此对浮选机的槽体顶部设置成倒八字形,槽体左侧设有开口向下的矿箱,右侧设有开口向上的矿箱,槽体底部前后两侧设有 45°斜边。槽体为倒八字形的矩形断面,可以充分发挥容积优势,为矿粒与气泡碰撞、黏附提供足够的空间,容易形成平稳的泡沫层。槽体两侧设置有 45°斜边,有利于矿粒向槽中心搅拌区域聚集,避免槽体两侧出现矿浆沉积,各槽之间通过浸没式中矿矿箱衔接,使矿化气泡与排出的矿浆逆向运动,提高了浮选的分离精度。在浮选机中搅拌叶轮固定在搅拌轴的中段,搅拌轴底端固定推进叶轮,叶轮周侧设有导流管,此改进的叶轮比常规叶轮尺寸大 1.25 倍,可提供足够的充气量,推进叶轮促进底部矿浆循环,极大程度降低了浮选机槽体底部矿浆的沉积现象。

在工业试验中,同时还对弱磁选设备进行了局部改造。该冶金尘泥选矿厂使用的 CTB 型永磁筒式磁选机(600mm×900mm),最初采用树脂型材质作为筒体表面处理材料。经过一段生产实践后,该保护层极易磨损并破碎成片脱落,且后期维护修复费时费力，经济成本较高。工业试验中对弱磁选机筒体部分进行了喷涂涂料处理。筒体喷涂涂料技术是目前现场处理最快捷有效的方法。聚脲涂料可现场喷涂而成，具有极强的疏水性和环境温度适应能力，在极端恶劣的环境下可正常施工。经过一段时间后，选别效果良好。喷涂涂料处理作为适应环保需求开发的筒体表面处理技术，为矿山界提供了一种全新的选择。

10.4 选矿工艺流程考查

10.4.1 取样及检测制度

流程打通稳定运转后，进行了工艺流程考查，主要考查项目为原矿、磨矿机排矿、圆筒筛筛下、水力旋流器的溢流产品、磁选机的精矿及尾矿产品、螺旋溜槽的精矿及尾矿产品、浮选各作业的精矿和尾矿。调试取样流程见图10-5。

流程考查每一小时取样一次，8次合并为一个班样。稳定运转期间，采取精、尾矿水作水质分析。稳定运转期间，每半小时检测一次浮选加药量。

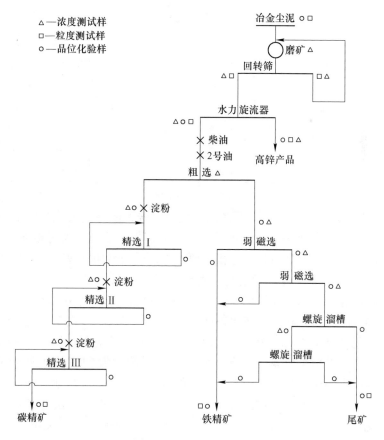

图 10-5 调试取样流程

10.4.2 生产工艺流程及考查结果

通过工艺流程优化等工业调试，确定了合理的选矿工艺流程和浮选药剂制度。稳定运转后，分两个阶段进行了流程考查。第一阶段，主要目的是考查水力旋流器、磁选设备、重选设备及浮选设备的能力和配置，从中发现问题并提出改进方案。第二阶段，考查药剂制度，确定浮选工艺改造后的设备配置、生产工艺流程和药剂制度。

流程通畅和稳定后，11月25日至12月10日，在原料性质基本稳定的前提下，水力旋流提锌基本保持稳定，利用旋流分级提锌技术，尘泥脱锌率达到65%~75%，获得的品位10%~15%含Zn物料可直接作为后续工艺浸锌的原料。磁选精矿及螺旋溜槽的精矿产品产率及品位基本保持稳定，主要是浮选药剂用量不同对碳精矿的指标影响较大，因此主要进行了不同药剂用量等项试验。生产调试及选矿技术指标见表10-5。

表 10-5 生产调试及选矿技术指标

序号	药剂用量/g·t⁻¹			碳产品/%		磁选铁产品/%		溜槽铁产品/%	
	苛性淀粉	柴油	2号油	品位	回收率	品位	回收率	品位	回收率
1	60	500	25	65.45	70.49	56.72	45.74	54.78	19.64
2	60	600	30	65.17	71.04	56.49	46.21	55.08	20.31
3	60	700	30	62.07	67.23	55.92	46.83	54.61	18.88
4	90	600	30	67.18	65.25	56.64	45.58	55.13	19.61
5	60	600	50	64.17	70.61	55.92	45.86	54.09	21.31
6	60	600	80	63.71	70.05	56.41	46.07	53.74	20.75

注：表中数据分别是工业试验阶段的平均指标，且选取调试中较好的分选指标。

表10-5结果表明，冶金尘泥在此流程下分选，经磁选及螺旋溜槽分选后铁精矿的品位及回收率变化不大；在浮选工艺流程中，适当加大苛性淀粉的用量，可提高碳精矿品位，但是回收率也相应地降低；适当增加捕收剂柴油的用量，碳品位降低但是回收率也会有所提高，若继续增大柴油用量，则会导致回收率降低。综合考虑精矿品位与回收率，选取苛性淀粉的用量为60g/t，柴油用量为600g/t，2号油用量为30g/t，在此条件下经过一次粗选、三次精选的浮选闭路工艺流程，可得到品位65.17%、回收率71.04%的分选指标。同时将磁选精矿及溜槽精矿合并，最后可以获得品位为56.13%、回收率为64.97%的铁精矿。对于有价元素提取完的尾矿物料可以作为球团的掺加料或输送至当地的烧结砖厂代替燃料，实现了此类资源的零排放和100%整体利用。生产中排出的废水全部回收利用，为无废水排出工艺，既减少了选矿厂用水的需求量，又不会造成环境污染。

10.5　本章小结

　　冶金尘泥中主要矿物为赤铁矿、磁铁矿以及焦炭，次要矿物为长石、石英等硅酸盐矿物，冶金尘泥中 TFe 品位为 31.08%、碳品位为 25.10%、锌含量为 4.52%。

　　针对冶金尘泥中有价元素的赋存特征，采用絮团分散—旋流分级提锌—浮选提碳—磁重收铁的工艺流程。利用旋流分级脱锌技术，尘泥脱锌率达到 65% ~ 75%，获得的品位 10% ~ 15% 含 Zn 物料可直接作为后续工艺浸锌的原料。旋流器的沉砂产品在柴油用量 600g/t，2 号油用量 30g/t、苛性淀粉用量为 60g/t 的条件下经过一次粗选、三次精选的浮选闭路工艺流程，可得到品位为 65.17%、回收率 71.04% 的分选指标。浮选尾矿经二次磁选的磁选精矿及磁尾经螺旋溜槽分选的精矿合并，最后可以获得品位为 56.13%、回收率为 64.97% 的铁精矿。

参 考 文 献

[1] 庄昌凌，刘建华，崔衡，等．炼钢过程含铁尘泥的基本物性与综合利用［J］．北京科技大学学报，2011，33（11）：185~193．

[2] 王飞，张建良，毛瑞，等．含铁尘泥自还原团块固结机理及强度劣化［J］．中南大学学报（自然科学版），2016，47（2）：367~372．

[3] Sami Virolainen, Riina Salmimies, Mehdi Hasan, et al. Recovery of valuable metals from argon oxygen decarburization (AOD) dusts by leaching, filtration and solvent extraction [J]. Hydrometallurgy, 2013, 140 (11): 181~189.

[4] Wu Zhaojin, Huang Wei, Cui Keke, et al. Sustainable synthesis of metals-doped ZnO nanoparticles from zinc-bearing dust for photodegradation of phenol [J]. Journal of Hazardous Materials, 2014, 278 (8): 91~99.

[5] Sudhir K Rai, Rocktotpal Konwarh. Purification, characterization and biotechnological application of an alkaline β-keratinase pro-duced by Bacillus subtilis RM-01 in solid-state fermentation using chicken-feather as substrate [J]. Biochemical Engineering Journal, 2009, 45 (3): 218~225.

[6] Li Qian, Zhang Bao, Min Xiaobo, et al. Acid leaching kinetics of zinc plant purification residue [J]. Transactions of Nonferrous Metals Society of China, 2013, 23 (9): 2786~2791.

[7] Yang Shenghai, Li Hao, Sun Yanwei, et al. Leaching kinetics of zincsilicate in ammonium chloride solution [J]. Transactions of Nonferrous Metals Society of China, 2016, 26 (6): 1688~1695.

[8] Souza A D, Pina P S, Leão V A, et al. The leaching kinetics of a zinc sulphide concentrate in acid ferric sulphate [J]. Hydrometallurgy, 2007 (89): 72~81.

[9] Seong Cheol Kim. Application of response surface method as an experimental design to optimize coagulation—flocculation process for pre-treating paper wastewater [J]. Journal of Industrial and Engineering Chemistry, 2016, 38 (6): 93~102.

[10] Navneet Singh Randhawa, Kalpataru Gharami, Manoj Kumar. Leaching kinetics of spent nickel-cadmium battery insulphuric acid [J]. Hydrometallurgy, 2016, 165 (1): 191~198.

[11] Liu Zhixiong, Yin Zhoulan, Hu Huiping, et al. Leaching kinetics of low-grade copper ore containing calcium-magnesium carbonate in ammonia-ammonium sulfate solution with persulfate [J]. Transactions of Nonferrous Metals Society of China, 2012, 22 (11): 2822~2830.

[12] Martínez-Luévanos A, Rodríguez-Delgado M G, Uribe-Salas A, et al. Leaching kinetics of iron from low grade kaolin by oxalicacid solutions [J]. Applied Clay Science, 2011, 51 (4): 473~477.

[13] Shuai Rao, Tianzu Yang, Duchao Zhang, et al. Leaching of low grade zinc oxide ores in NH_4Cl-NH_3 solutions with nitrilotriacetic acid as complexing agents [J]. Hydrometallurgy, 2015, 158 (12): 101~106.

[14] Wang X, Srinivasakannan C, Duan X H, et al. Leachig kinetics of zinc residues augmented with ultrasund [J]. Separationand purification Technoogy, 2013, 115 (2): 66~72.

［15］文胜，文衍宣，廖政达．响应曲面法优化木薯渣-硫酸浸取软锰矿工艺的研究［J］．中国锰业，2012，30（1）：9~14.

［16］Mehmet KUL, Kürşad Oğuz OSKAY, Mehmet ŞİMŞİR, et al. Optimization of selective leaching of Zn from electric arc furnace steelmaking dust using response surface methodology［J］. Transactions of Nonferrous Metals Society of China, 2015, 25（8）: 2753~2762.

［17］Somasundaram M, Saravanathamizhan R, Ahmed Basha C, et al. Recovery of copper from scrap printed circuit board: modelling and optimization using response surface methodology［J］. Powder Technology, 2016, 266（11）: 1~6.

［18］严浩，彭文杰，王志兴，等．响应曲面法优化电解锰阳极渣还原浸出工艺［J］．中国有色金属学报，2013，23（2）：528~534.

［19］Yang Kedi, Ye Xianjia, Su Jing, et al. Response surface optimization of process parameters for reduction roasting of low-grade pyrolusite by bagasse［J］. Transactions of Nonferrous Metals Society of China, 2013, 23（5）: 548~555.

［20］Dariush Azizi Z, Sied Ziaedin Shafaei, Mohammad Noaparast, et al. Modeling and optimization of low-grade Mn bearing ore leaching using response surface methodology and central composite rotatable design［J］. Transactions Nonferrous Metals Society of China, 2014, 22（9）: 2295~2305.

［21］Okan Unal. Optimization of shot peening parameters by response surface methodology［J］. Surface and Coatings Technology, 2016, 305（11）: 99~109.

［22］Nazari E, Rashchi F, Saba M, et al. Simultaneous recovery of vanadium and nickel from power plant fly-ash: Optimization of parameters using response surface methodology［J］. Waste Management, 2014, 34（12）: 2687~2696.

［23］张晋霞，聂轶苗，徐之帅，等．从钢铁厂高炉瓦斯泥中提取碳、铁的技术研究［J］．矿山机械，2013（5）：100~102.

［24］王东彦，王文忠，陈伟庆，等．含锌铅钢铁厂粉尘处理技术现状和发展趋势分析［J］．钢铁，1998，33（1）：65~68.

［25］汪文生．用浮选法综合回收高炉瓦斯泥中碳、铁试验研究［J］．金属矿山，2004（ZK）：498~500.

［26］丁忠浩，翁达，何礼君，等．高炉瓦斯泥微泡浮选柱浮选工艺研究［J］．武汉科技大学学报（自然科学版），2001（12）：358~360.

［27］于留春，衣德强．从梅山高炉瓦斯泥中回收铁精矿的研究［J］．金属矿山，2003（10）：65~68.

［28］林高平，邹宽，林宗虎，等．高炉瓦斯泥回收利用新技术［J］．矿产综合利用，2002（3）：42~44.

［29］欧乐明，王立军，冯其明，等．利用微泡浮选柱分选中低品位铝土矿的试验研究［J］．矿冶工程，2011，31（3）：41~43.

［30］黄光耀．水平充填介质浮选柱的理论与应用研究［D］．长沙：中南大学，2009.

［31］吕发奎．辉钼矿与难选钼矿的柱式高效分选工艺研究［D］．徐州：中国矿业大学，2010.

[32] 李琳, 刘炯天. 浮选柱在赤铁矿反浮选中的应用 [J]. 金属矿山, 2007 (9): 59~61.

[33] 任慧, 丁一刚, 吴元欣, 等. 充填静态浮选柱在胶磷矿浮选中的应用 [J]. 化工矿物与加工, 2001 (8): 4~7.

[34] 成海芳. 攀钢高炉瓦斯泥资源综合利用研究 [D]. 昆明: 昆明理工大学, 2006.

[35] Xuefeng She, Jingsong Wang, Guang Wang. Removalmechanism of Zn, Pb and Alkalis from metallurgical dusts in direct reduction process [J]. Journal of Iron and Steel Research, 2014, 21 (5): 488~495.

[36] 秦广林, 王灿霞, 杨波. 悬振锥面选矿机处理华锡长坡选厂细泥锡尾矿试验研究 [J]. 矿冶, 2011, 20 (2): 34~35.

[37] 杜浩荣. 湘西金矿沃溪选矿厂尾矿回收金钨选矿试验研究 [D]. 昆明: 昆明理工大学, 2013.

[38] 杨波, 段希祥, 罗雪梅, 等. 悬振锥面选矿机: 中国, 200910263671.6 [P]. 2010-06-16.

[39] 甘峰睿. 悬振锥面选矿机分选大红山摇床铁尾矿试验研究 [D]. 昆明: 昆明理工大学, 2010.

[40] 聂轶苗, 李卓林, 刘淑贤, 等. 悬振锥面选矿机在微细粒赤铁矿选矿中的应用试验研究 [J]. 矿山机械, 2014 (10): 46~50.

[41] 王玲, 聂轶苗, 张晋霞, 等. 唐山某钢铁厂高炉瓦斯泥中碳、铁综合回收工艺对比试验研究 [J]. 中国矿业, 2016, 25 (2): 116~119.

[42] 王玲, 聂轶苗, 戴奇卉, 等. 利用悬振锥面选矿机对瓦斯泥中铁进行高效回收的试验研究 [J]. 中国矿业, 2016, 25 (3): 132~135.

[43] 徐嘉峰. 冶金企业含铁尘泥的基本特征与综合利用 [J]. 建筑设计, 2005, 34 (6): 120, 182.

[44] 朱奎松, 刘松利, 苟淑云, 等. 高炉瓦斯泥自还原提取铁和锌的机理研究 [J]. 钢铁钒钛, 2016, 37 (1): 79~84.

[45] 张晋霞, 邹玄, 牛福生. 用硫酸浸出河北某高炉瓦斯泥中锌 [J]. 金属矿山, 2016 (8): 194~196.

[46] 聂轶苗, 戴奇卉, 牛福生. 从高炉瓦斯泥中浮选碳精矿的影响因素研究 [J]. 中国矿业, 2015, 24 (1): 128~130.

[47] 张晋霞, 邹玄, 张晓亮, 等. 选冶联合技术提取高炉瓦斯泥中有价元素研究 [J]. 中国矿业, 2015, 24 (4): 96~99.

[48] 马秀艳, 王岩, 梁小红, 等. X荧光光谱法测定高炉瓦斯灰成分 [J]. 南方金属, 2015 (4): 19~21.

[49] 高捷, 盛成, 卓尚军. X射线荧光光谱分析用的含铁尘泥标准样品的研制 [J]. 冶金分析, 2015, 35 (2): 74~78.

[50] 李杰. 鞍钢4号高炉瓦斯灰锌铁分离的热力学及动力学研究 [D]. 鞍山: 辽宁科技大学, 2013.

[51] 于淑娟, 侯洪宇, 王向锋, 等. 鞍钢含铁尘泥再资源化研究与实践 [J]. 钢铁, 2012, 47 (7): 68~73.

[52] 邓永春，韦严勇，李亮，等．包钢高炉瓦斯灰中有害元素分离的研究 [J]．湖南有色金属，2015，31（4）：32~35.

[53] 韩腾飞，李解，李保卫，等．包钢尾矿配加瓦斯灰微波磁化焙烧—磁选试验 [J]．金属矿山，2014（7）：164~167.

[54] 姜艳，孙丽达，李自静，等．高炉烟尘中锌的浸出动力学研究 [J]．无机盐工业，2015，47（1）：53~55.

[55] 孙乐栋，李杰，光明，等．炼铜烟灰硫酸浸出及铜浸出动力学研究 [J]．矿冶工程，2016，16（1）：97~100.

[56] 赵瑞超，张邦文，李保卫．从高炉瓦斯灰回收铁的试验研究 [J]．金属矿山，2010（11）：168~173.

[57] 刘淑芬，杨声海，陈永明，等．从高炉瓦斯泥中湿法回收锌的新工艺（Ⅰ）：废酸浸出及中和除铁 [J]．湿法冶金，2012，31（2）：110~113.

[58] 毛磊，杨宝滋，朱小涛，等．从瓦斯灰中碱浸锌及其动力学研究 [J]．湿法冶金，2014，33（6）：429~432.

[59] 徐春阳．从瓦斯灰中提取氧化锌和渣铁的工业试验 [J]．酒钢科技，2015（2）：6~13.

[60] 唐双华．低品位氧化锌矿浸出萃取工艺基础研究 [D]．长沙：中南大学，2008.

[61] 罗文群．低锌高炉瓦斯泥的资源化研究 [D]．湘潭：湘潭大学，2011.

[62] 付刚华，王洪阳，郭宇峰，等．浮-磁联合工艺从高炉瓦斯灰中回收焦炭 [J]．金属矿山，2015（3）：187~190.

[63] 张晋霞，牛福生，刘淑贤，等．利用浮选柱从高炉瓦斯泥中回收碳的试验研究 [J]．中国矿业，2013，22（12）：102~105.

[64] 尹海涛，武杏荣，李辽沙，等．富铁冶金尘泥中有价元素的选择性还原研究 [J]．矿产综合利用，2013（5）：67~71.

[65] 毛瑞，张建良，刘征建，等．钢铁厂含铁尘泥球团自还原实验研究 [J]．东北大学学报（自然科学版），2015，36（6）：790~795.

[66] 张晋霞，牛福生，徐之帅．钢铁工业冶金含铁尘泥铁、碳、锌分选技术研究 [J]．矿山机械，2014，42（6）：97~102.

[67] 曹克，胡利光，贾永铭．水力旋流分离技术在瓦斯泥脱锌工程中的研究 [J]．冶金动力，2006，25（5）：52~55.

[68] 毛瑞，张建良，刘征建，等．钢铁流程含铁尘泥特性及其资源化 [J]．中南大学学报（自然科学版），2015，46（3）：774~785.

[69] 刘百臣，魏国，沈峰满，等．钢铁厂尘泥资源化管理与利用 [J]．材料与冶金学报，2006，5（3）：231~237.

[70] 陈砚雄，冯万静．钢铁企业粉尘的综合处理与利用 [J]．烧结球团，2005，30（5）：42~46.

[71] 李正义，陈飚．钢铁企业含铁污泥的综合利用技术与效益 [J]．中国资源综合利用，2003（9）：23~24.

[72] 王东彦，王文忠，陈伟庆，等．转炉和含锌铅高炉尘泥的物性和物相分析 [J]．中国有色金属学报，1998，8（1）：135~139.

[73] 高金涛，李士琦，张延玲，等．低温分离、富集冶金粉尘中的 Zn［J］．中国有色金属学报，2012，22（9）：2692~2698.

[74] 佘雪峰，薛庆国，王静松，等．钢铁厂含锌粉尘综合利用及相关处理工艺比较［J］．炼铁，2010，29（4）：56~62.

[75] Dieter S, Wilhelm G H. Dust injection in iron and steel metallurgy［J］. ISIJ International, 2006, 46（12）：1745~1751.

[76] 张晋霞，牛福生，陈淼．微细粒鲕状赤铁矿、石英的分散行为与机理研究［J］．中国矿业，2014，23（5）：120~125.

[77] Su Fenwei, Lampinen H O, Robinson R. Recycling of sludge and dust to the BOF converter by cold bonded pelletizing［J］. ISIJ International, 2004, 44（4）：770~776.

[78] 张朝晖，李林波，韦武强，等．冶金资源综合利用［M］．北京：冶金工业出版社，2011.

[79] 郭秀键，舒型武，梁广，等．钢铁企业含铁尘泥处理与利用工艺［J］．环境工程，2011，29（2）：96~98.

[80] 于淑娟，徐永鹏，曲和廷，等．鞍钢含铁尘泥的综合利用现状及发展［J］．炼铁，2007，26（3）：54~58.

[81] 郭廷杰．日本钢铁厂含铁粉尘的综合利用［J］．中国资源综合利用，2003（1）：4~5.

[82] 王傲松．高炉布袋除尘灰的基础性能与应用研究［D］．济南：山东大学，2009.

[83] 徐刚．高炉粉尘再资源化应用基础研究［D］．北京：北京科技大学，2015.

[84] 李燕江，吕庆，卢建光，等．高炉喷吹重力除尘灰的研究［J］．钢铁钒钛，2015，36（6）：57~62.

[85] 徐辉，苑兴庭，王晓鸣，等．高炉喷吹除尘灰的研究［J］．钢铁，2008，43（9）：88.

[86] 诸荣孙，柏小彤，汪玲玲，等．高炉瓦斯灰氨浸脱锌［J］．有色金属工程，2015，5（4）：35~39.

[87] 贾继华，韩宏亮，段东平，等．高炉瓦斯灰综合回收利用及再资源化的研究［J］．钢铁钒钛，2013，34（5）：33~37.

[88] 邓永春，李亮，韦严勇，等．高炉瓦斯灰综合利用研究现状［J］．湖南有色金属，2014，30（5）：25~28.

[89] 白仕平．高炉瓦斯泥高效利用的研究［D］．重庆：重庆大学，2007.

[90] 徐刚，吴华峰，李士琦，等．高炉瓦斯泥精细还原实验研究［J］．工业加热，2014，43（2）：22~28.

[91] 刘秉国．高炉瓦斯泥碳热还原脱锌试验研究［D］．昆明：昆明理工大学，2006.

[92] 曾冠武．高炉瓦斯泥综合利用技术述评［J］．化工环保，2015，35（3）：279~282.

[93] Kyriacou A, Lasaridi K E, Kotsou M. et al. Combined bioremediation and advanced oxidation of green table olive processing wastewater［J］. Process Biochemistry, 2005, 40（3, 4）：1401~1408.

[94] 魏涎，王吉坤．湿法炼锌理论与应用［M］．昆明：云南科技出版社，2003.

[95] 王琼，贵永亮，宋春燕．冶金含铁尘泥再资源化的技术现状与展望［J］．河北联合大学学报（自然科学版），2013，35（3）：19~23.

[96] 黄平，吴恩辉，侯静，等．用硫酸从高炉瓦斯灰（泥）中浸出锌、钼试验研究 [J]．湿法冶金，2014，33（5）：365~367.

[97] 牛福生，倪文，张晋霞，等．中国钢铁冶金尘泥资源化利用现状及发展方向 [J]．钢铁，2016，51（8）：1~5.

[98] 王贤君．转底炉处理冶金含锌尘泥的理论分析及实验研究 [D]．重庆：重庆大学，2012.

[99] 张晋霞，邹玄，李卓林，等．悬振锥面选矿机分选冶金尘泥试验 [J]．金属矿山，2015（9）：138~142.

[100] 张晋霞，邹玄，张晓亮，等．利用浮选柱从石墨尾矿中回收绢云母试验研究 [J]．非金属矿，2014，37（5）：61~63.

[101] 牛福生，李卓林，张晋霞．悬振锥面选矿机在鲕状赤铁矿分选中的应用 [J]．矿山机械，2015，43（6）：103~107.

[102] 牛福生，王学涛，白丽梅．磁选机滚筒表面处理技术探讨 [J]．矿山机械，2015，43（7）：9~12，13.

[103] 牛福生，张悦，聂轶苗．图像处理技术在工艺矿物学研究中的应用 [J]．金属矿山，2010（5）：92~95，103.

[104] 李鸿才，刘清，赵由才．冶金过程固体废弃物处理与资源化 [M]．北京：冶金工业出版社，2007.

[105] 刘淑芬．高炉瓦斯泥中锌综合回收新工艺研究 [D]．长沙：中南大学，2012.

[106] 李洪桂．冶金原理 [M]．北京：科学出版社，2005.

[107] 马荣骏．湿法冶金原理 [M]．北京：冶金工业出版社，2007.

[108] 王运树．鄂钢含铁尘泥的利用现状及发展方向 [J]．矿业快报，2005，2（2）：13~15.

[109] Kelebek S，Yoruk S，Davis B．Characterization of basic oxygen furnace dust and zinc removal by acid leaching [J]．Minerals Engineering，2004，17：285~291

[110] 谢洪恩．攀钢高炉瓦斯泥综合利用研究 [D]．昆明：昆明理工大学，2006.

[111] 徐小革．齐大山铁矿瓦斯泥污水处理研究 [D]．沈阳：东北大学，2008.

[112] 龚俊．从含铁尘泥回收铁的试验研究 [D]．包头：内蒙古科技大学，2010.

[113] 王琼．含铁尘泥还原脱锌过程的研究 [D]．唐山：河北联合大学，2014.

[114] 何环宇，唐忠勇，裴文博，等．高炉瓦斯灰和转炉污泥造块制备金属化球团 [J]．过程工程学报，2012，12（1）：22~26.

[115] 唐忠勇．利用低品位、高含碳冶金尘泥制备金属化球团研究 [D]．武汉：武汉科技大学，2012.

[116] Ramachandra Rao S．Chapter 8 – Metallurgical Slags，Dust and Fumes [J]．Waste Management Series，2006（7）：269~327.

[117] Luo Siyi，Feng Yu．The production of hydrogen-rich gas by wet sludge pyrolysis using waste heat from blast-furnace slag [J]．Energy，2016，113（10）：845~851.

[118] Ján Vereš，Michal Lovás，Štefan Jakabsky，et al．Characterization of blast furnace sludge and removal of zinc by microwave assisted extraction [J]．Hydrometallurgy，2012，129~130（11）：67~73.

[119] 林宗虎. 高炉污泥旋流脱锌技术的试验研究 [J]. 湖州职业技术学院学报，2006（1）：71~74.

[120] 曹克，胡利光. 水力旋流分离技术在瓦斯泥脱锌工程中的应用与研究 [J]. 宝钢技术，2006（5）：16~19，24.

[121] 吕文涛. 水力旋流器结构优化及其在污水处理厂中的除砂应用 [D]. 青岛：青岛理工大学，2014.

[122] Navneet Singh Randhawa, Kalpataru Gharami, Manoj Kumar. Leaching kinetics of spent nickel-cadmium battery in sulphuric acid [J]. Hydrometallurgy, 2016（165）：191~198.

[123] Madakkaruppan V, Anitha Pius, Sreenivas T, et al. Influence of microwaves on the leaching kinetics of uraninite from a low grade ore in dilute sulfuric acid [J]. Journal of Hazardous Materials, 2016（313）：9~17.

[124] Widi Astuti, Tsuyoshi Hirajima, Keiko Sasaki, et al. Comparison of atmospheric citric acid leaching kinetics of nickel from different Indonesian saprolitic ores [J]. Hydrometallurgy, 2016（161）：130~151.

[125] Zhu Xiaobo, Li Wang, Guan Xuemao. Kinetics of titanium leaching with citric acid in sulfuric acid from red mud [J]. Transactions of Nonferrous Metals Society of China, 2015, 25（9）：3139~3145.

[126] Zhang Wenjuan, Li Jiangtao, Zhao Zhongwei. Leaching kinetics of scheelite with nitric acid and phosphoric acid [J]. International Journal of Refractory Metals and Hard Materials, 2015, 52（9）：78~84.

[127] Feng Xingliang, Long Zhiqi, Cui Dali, et al. Kinetics of rare earth leaching from roasted ore of bastnaesite with sulfuric acid [J]. Transactions of Nonferrous Metals Society of China, 2013, 23（3）：849~854.

[128] 邹玄，张晋霞，牛福生，等. 用河北某地磁铁矿石制备超纯铁精矿 [J]. 金属矿山，2016（7）：117~120.

[129] 牛福生，李卓林，张晋霞. 从铁尾矿中回收磷的浮选试验研究 [J]. 非金属矿，2015，38（3）：62~64.

[130] 张海军，刘炯天，王永田. 矿用旋流-静态微泡浮选柱的分选原理及操作参数控制 [J]. 中国矿业，2006，15（5）：70~72.

[131] 王伟之，郑为民，张锦瑞. 赤铁矿柱式浮选工艺研究 [M]. 天津：天津大学出版社，2013.

[132] 张晋霞，牛福生，刘淑贤，等. 内蒙古某褐铁矿浮选工艺流程试验研究 [J]. 矿山机械，2010，38（9）：105~108.

[133] 杨显万. 湿法冶金 [M]. 北京：冶金工业出版社，2011.

[134] 李浩然，冯雅丽，罗小兵，等. 湿法浸出黏土矿中钒的动力学 [J]. 中南大学学报（自然科学版），2008，39（6）：1181~1184.

[135] 邢相栋，张建良，曹明明，等. 高炉含锌粉尘中铁资源的富集回收 [J]. 矿业工程，2012，32（3）：86~88.

[136] 王涛，夏幸明，沙高原. 宝钢含锌粉尘的循环利用工艺简介 [J]. 中国冶金，2004，76

（3）：9~14.

[137] 张敏，张建强，刘炯天，等．筛板充填浮选柱浮选铜矿的试验研究［J］．矿山机械，2006，34（10）：76~77.

[138] 胡卫新，刘炯天，李振．旋流-静态微泡浮选柱气含率影响因素研究［J］．中国矿业大学学报（自然科学版），2010，39（7）：617~621.

[139] 张海军，刘炯天，王永田．磁铁矿浮选柱阳离子反浮选试验研究［J］．中国矿业大学学报（自然科学版），2008，37（1）：67~70.

[140] 刘瑜，刘秉国，邢晓钟，等．高炉瓦斯泥碳热还原脱锌研究［J］．无机盐工业，2013，45（10）：39~41.

[141] 杨维．稀土钕改性高炉瓦斯灰和炼铝灰渣制备絮凝剂的研究［D］．济南：山东大学，2012.

[142] 李国栋，魏志聪．云南某低品位软锰矿强磁选工艺研究［J］．中国锰业，2016，34（1）：29~31，36.

[143] 古岩，张廷安，吕国志，等．硫化锌加压浸出过程的电位-pH图［J］．材料与冶金学报，2011，10（2）：112~119.

[144] 金创石，张廷安，牟望重，等．难处理金矿浸出预处理过程的电位-pH图［J］．东北大学学报（自然科学版），2011，32（11）：1599~1602.

[145] 李绍英．含铜难处理金矿碘化浸出工艺及机理研究［D］．北京：北京科技大学，2015.

[146] 杨永强，王成彦，汤集刚，等．云南元江高镁红土矿物组成及浸出热力学分析［J］．有色金属，2008，60（3）：84~87.

[147] 何仕超，刘志宏，刘智勇，等．湿法炼锌窑渣铁精矿的浸出热力学分析［J］．中国有色金属学报，2013，23（12）：3430~3439.

[148] Aichun Zhao, Yan Liu, Tingan Zhang, et al. Thermodynamics study on leaching process of gibbsitic bauxite by hydrochloric acid［J］. Transactions of Nonferrous Metals Society of China, 2013, 23（1）：266~270.

[149] 李自强，何良惠．水溶液化学位图及其应用［M］．四川：成都科技大学出版社，1991.

[150] 张晋霞，牛福生．不同絮凝剂对微细粒赤铁矿、石英的絮凝行为研究［J］．中国矿业，2016，25（3）：102~106.

[151] 张晋霞，邹玄，王龙，等．某高炉瓦斯灰硫酸浸锌试验［J］．金属矿山，2016（11）：181~183.

[152] 刘俊吉．物理化学第五版（上册）［M］．北京：高等教育出版社，2009.

[153] 朱吉庆．冶金热力学［M］．长沙：中南工业大学出版社，1995.

[154] 蒋汉赢．湿法冶金过程物理化学［M］．北京：北京冶金工业出版社，1984.

[155] 徐志峰，朱辉，王成彦．富氧硫酸体系中硫化锌精矿的常压直接浸出动力学［J］．中国有色金属学报，2013，23（12）：3440~3447.

[156] 马致远，杨洪英．响应曲面法优化铜阳极泥微波浸出硒工艺［J］．中南大学学报（自然科学版），2015，46（7）：2391~2397.

[157] 廖亚龙，周娟，黄斐荣，等．响应曲面法优化复杂硫化铜矿选择性浸出工艺［J］．中国有色金属学报，2016，26（1）：164~172.

[158] 朱志根. 响应曲面法优化产氨细菌浸矿试验研究 [J]. 黄金, 2013, 34 (7): 48~52.

[159] 施得旸. 高品位氧化锌矿氨法溶蚀浸出试验研究及机理初探 [D]. 昆明: 昆明理工大学, 2015.

[160] 牟望重, 张廷安, 古岩, 等. 铅锌硫化矿富氧浸出热力学研究 [J]. 过程工程学报, 2010 (S1): 171~176.

[161] 张保平, 杨芳. 氨法处理高炉瓦斯灰制取等级氧化锌研究 [J]. 武汉科技大学学报, 2014, 37 (2): 125~129.

[162] 张晋霞, 邹玄, 张晓亮. 从煤矸石中回收黄铁矿的选矿工艺研究 [J]. 煤炭技术, 2015, 34 (11): 312~315.